·世界著名计算机科学教材·
网络技术系列丛书

网络空间和网络安全

George K. Kostopoulos ◎著

赵生伟 ◎译

U0364226

西南交通大学出版社

·成都·

四 川 省 版 权 局
著 作 权 合 同 登 记 章
图进字 21-2017-91 号

图书在版编目（ＣＩＰ）数据

网络空间和网络安全 /（美）乔治·科斯托普洛斯
（George K.Kostopoulos）著；赵生伟译. —成都：西
南交通大学出版社，2017.5
ISBN 978-7-5643-5199-1

Ⅰ.①网… Ⅱ.①乔… ②赵… Ⅲ.①计算机网络 –
网络安全 Ⅳ.①TP393.08
中国版本图书馆 CIP 数据核字（2017）第 010047 号

网络空间和网络安全

[美]乔治·科斯托普洛斯　　著

赵生伟　译

责 任 编 辑	宋彦博
封 面 设 计	严春艳
出 版 发 行	西南交通大学出版社 （四川省成都市二环路北一段 111 号 西南交通大学创新大厦 21 楼）
发行部电话	028-87600564　028-87600533
邮 政 编 码	610031
网　　址	http://www.xnjdcbs.com
印　　刷	四川煤田地质制图印刷厂
成 品 尺 寸	210 mm×235 mm
印　　张	14　　　　字　数　222 千
版　　次	2017 年 5 月第 1 版　印　次　2017 年 5 月第 1 次
书　　号	ISBN 978-7-5643-5199-1
定　　价	39.00 元

序

企业和个人间最重要的"安全"和"合作"问题在 21 世纪得到强化。政府和私企对这两个词的价值认识，在"9·11"恐怖袭击事件后，迅速得到加深，而 George Kostopoulos 博士显然理解其中所蕴含的深意。影响我们对于和平的信心的一个因素，是在一个 9 月的一天上午所发生的不幸。在过去几年中，对于无论什么规模的企业及其领导人来说，使他们的公司安全运作并远离实力不对称的手的意图变得更加重要。因此，你需要及时阅读这本值得信赖的书，它涵盖了大量的基础知识、教程，全面的检查列表和对于危机的详细讨论。

在"9·11"恐怖袭击事件以前并没有"网络安全"这一领域，因此也不需要像本书一样的综合手册。但今非昔比，现在的网络安全是一个价值数十亿美元的产业，是政府许多关键基础设施的驱动力。然而，本书强调的四个原则的可信措施必须由高度可靠的方法进行验证，这些高度可靠的方法需要对网络安全性能的超前意识 —— 毫无疑问，当验证由每个"解决者"提供的授权参数时，可以确认寻求认证的用户身份。除了在本书中讨论的众多保护措施，在确定目前技术解决方案不可避免存在的缺陷时，信任机制亦可提供重要的问责制度。这种信任机制可以起到结算（中间人）的作用，自动调整并带有可识别的专家属性和活动，以保持信息的响应性和准确性。

许多人已经开始意识到网络安全是当前最热门、增长最快的领域之一。网络安全作为一个尚未被清晰认知的产业的确需要这种认知。对公共和私营部门的网络威胁正随着网络的不断发展而不断升级。这使得安全以及对信息和智力资本的保护成为各组织的首要关注点。相应地，对于既有知识又有技术手段解决这一领域问题的人才的需求也在不断增加。因此，训练有素并具有较强理解力的网络安全人才在今后会受到青睐。

拥有由具有不同学科背景的网络安全专家组成的"生态系统"对于聚合网络专家是远远不够的。传统的趋势是围绕各个学科进行组织并采取"烟囱式"的方法，或通常在专家的松散集合中优化一部分而不是整个系统。在"大数据"的挑战下，非结构化数据使数据风险进一步加大。网络空间是需要合作的领域，合作能立即解决其脆弱性和风险性。只有真正具有跨领域知识和经验的个人才能够了解任何特定网络安全挑战的复杂性，并针对其制定一个有效的、可实施的战略。《网络空间和网络安全》通过提供各种保证网络正常运营的方法来提高这种意识。

本书的每个章节都会涉及网络安全的一个重要方面及其脆弱性和风险性。对这个极其复杂的话题，本书提供了一流的、全方位的概述。本书将使读者认识到组成网络空间的不同学科之间的关系。实际上，作者对于当前例子的分析为我们做了这个工作。读者不仅将学到怎样合理地使用时间来理解这些关键问题，也将学到如何明智地保持网络安全，解决问题。从这一角度来看，本书确实是非常宝贵的资源。

除了书中分享的许多建议，由于他的愿景，Kostopoulos 博士关于"如何才能在人造的网络世界中安全生存"的知识变得更有意义。他希望能通过帮助他人从而延伸典型的单向网络安全意识来确保更高的安全性。这大概是作者最令我佩服的方面。这本书非常全面，涉及了所有相关话题，并向读者展示了从一开始就为建设一个安全组织设定指导方针的价值。

Riley Repko
2016 年 12 月

Riley Repko：信任网络解决方案有限公司（Trusted Cyber Solutions LLC）首席执行官，弗吉尼亚理工大学高级研究员。http://www.trustedcybersolutions.com

CYBERSPACE
AND
CYBERSECURITY

前言

在当今社会，我们常常会听到这样一种说法：任何一门业务都是技术业务。现如今，我们可以大胆地将这种说法重新表述为：任何一门业务都是网络业务。事实上，几乎人类的所有活动都与网络息息相关。在工作中，我们使用计算机，眼睛紧盯着计算机屏幕，手不断操作着鼠标；在生活中，我们也用类似的方式与朋友进行沟通，或者如果累了，就会在网上看个不错的电影来放松一下；在旅途中，我们会用网络电话来保持联系。

现在，人与人之间除了现实中的联系，还有网络层面的联系。我们除了是某个国家的公民外，也是网络公民。我们不需要"护照"就可以使用网络。事实上，"护照"还是需要的，而且我们的确有 —— 这就是我们的 IP（互联网协议）地址。我们在上网时，就会留下 IP 地址的印迹。网络就是一个虚拟之国，在这里我们可以发现现实世界中的一切。

我们所处的世界

价格低廉的网络及其相关设备的产生得益于 20 世纪在通信、计算机、半导体化学和物理领域的持续技术发展。这种持续的跨学科和技术密集型发展的一个主要终端产品就是互联网，也被称为万维网（WWW）。互联网成了人类在本地乃至全球沟通互动的通信基础。因此，互联网就像是地球的氧气，缺少它会使地球窒息，难以正常运转。

在互联网出现之前也有全球性的网络，但这种网络只为特定的行业服务：银行、电信、军事和新闻。互联网的技术发展相当惊人，它对世界的影响绝对是革命性的。它只用了 21世纪的第一个十年就把整个世界纳入网络中。

随着时间的推移，像互联网一样，一个新的术语 —— 网络空间也越来越被大家熟知。网络空间是指由网络本身、网络活动和新的人类态度组成的一个集合体。除了这个定义以外，网络空间还可被描述成与现实社会相对应的网络社会的栖息地。

网络空间给这个世界注入了前所未有的新活力，同时也使人类对网络的依赖性不断增强，导致人类隐私逐步丧失。然而，得益于互联网的无处不在，许多新产品和新服务成为了可能。在当今世界，网络空间是任何企业不可分割的一部分。因此，网络安全绝对是首要必备的。对于任何受信网络空间，网络安全有四个必需的原则：

➢ 保密性。即传输或存储的数据是私有的，只有经过授权才可查看 。

➢ 真确性。即传输或存储的数据是无误的，在存储和传输中没有错误发生。

➢ 可用性。即传输或存储的数据可以进行授权访问。

➢ 不可否认性。即传输或存储的数据是无可争辩的，特别是在合格的数字证书、数字签名或其他明确清楚的标示符证明下。

支持上述四项原则的受信机制必须包括高度可靠的网络安全，可以无疑地确认用户身份，以此来认证，并可证明由用户提交的权限参数的有效性。除了上述措施，受信机制必须能通过电子检查跟踪来承担责任。这种追踪应能将发生在信息系统中的每一次活动归于可识别的人或自动化过程。

现今的通信和计算技术相互融合，从而创建出一个无缝媒介。在这个媒介中，数字化的数据 —— 文字、声音、图像和视频以电子运动的速度从世界的一端传播到另一端。这些活动实现了不能以其他方式替代的功能和操作。网络空间已经席卷了生活的方方面面，使每一个方面都会对它有一些直接或间接的依赖。因此，不间断的、通畅的、安全的网络空间几乎成为使所有社会部门高效工作的先决条件。

写作目的和受众

写这本书有两个目的：第一个是让读者意识到目前影响网络空间和网络安全的问题；第二个是为读者提供必要的基础知识，使他们可以在此之上通过不断学习来培养自己在网络空间和网络安全方面的专长。

本书的受众也可分为两类：第一类是非网络安全专业，但又想初步了解网络空间和网络安全的技术人员。在这些技术人员决定投入网络防御的事业前，本书可以让他们广泛地了解相关知识。第二类是关心网络空间和网络安全，想在这个现代生活的重要方面抢先涉入了解的非技术人员。

本书的内容安排

网络空间和网络安全就像一列火车牵引的两辆货车。本书旨在帮助读者在这一领域不断加速从而跳上"火车"。一旦上车，在已获得的背景知识的基础上，读者将能够紧随技术进步的潮流，并最终成为使这列"火车"更加安全的贡献者之一。为了达到这一目标，本书被精心安排成 10 章。

第 1 章：信息系统中的漏洞。本章将讨论怎样量化并测量漏洞，以及怎样通过安全编码来避免它们。此外，本章还将涉及由美国国家标准与技术研究所设计的安全内容自动化协议。这个协议被广泛用于测量软件系统的漏洞。

第 2 章：组织中的缺陷。本章将讨论有缺陷存在的组织，包括访问权限、用户认证、信息安全和最大限度降低风险的人为因素。本章还将介绍无线网络、蓝牙、Wi-Fi 和 WiMAX 以及增强它们安全性的方法，同时还会讨论云计算及其优缺点。

第 3 章：信息系统基础设施中的风险。本章研究的是存在于各种信息系统组件中，以及在网络空间中的内在风险。系统组件即硬件、软件和用户。可行的网络空间方案及其覆盖范围也将在本章中进行讨论。

第 4 章：安全的信息系统。这一章将强调对于信息安全策略的需求，指出信息资产鉴定是这种战略的基石。本章侧重于电子邮件安全的讨论，还将探讨信息资产之间和用户之间的通信问题。本章末将讨论信息安全管理的覆盖和识别。

第 5 章：网络安全和首席信息官。本章将提出一个首席信息官要成功应对网络安全的各种挑战所需要的特质。个性特征、相应的教育和经验、与职位相符的责任感都会在本章中进行讨论。本章还会谈及怎样从一个超级技术人员转变为企业战略规划帅。

第 6 章：建立一个安全的组织。本章最关注的是在不利事件发生时，组织的商业运作和这些业务的持续性。此类不利事件的发生可能不是由于恶意侵入而是天灾。本章还会讨论企业对于数据安全和互联网使用的灵活政策及遵守当局提出的要求的需要。

第 7 章：网络空间入侵。在网络安全领域，入侵检测和预防系统（IDPS）形成第一线的保护。对于 IDPS，讨论的重点将是 IDPS 的配置、性能、选择、管理和部署。本章也将涉及日渐成为趋势的基于软件的应用和设备。

第 8 章：网络空间防御。本章重点介绍当身处攻击和恶意软件威胁的网络空间时的个人计算机防御，将探讨防御原则、技术和最重要的安全工具。这些安全工具包括安全分析器、防火墙、防病毒软件、文件粉碎、文件加密和防记录器。本章阐述的重点是文件的安全性由用户控制，而且如果采取适当的防御措施，文件会是完全安全的。

第 9 章：网络空间和法律。本章将介绍各种各样的美国和国际法律。这些法律旨在为网络上进行的一切活动提供法律支持。本章还将讨论联合国在解决知识产权和网络犯罪等问题中承担的角色，并详细说明六个与美国数据和信息有关的法律规范。

第 10 章：网络战争和国土安全。本章分为三个部分：第一部分是关于网络战争的，包括网络恐怖主义、网络间谍，以及网络武器条约的可能性。条约将制约主权国家公开的网络敌对行动。第二部分是关于美国国土安全部及其在网络战准备中的作用的。第三部分说明当将互联网视为全球性的网络生态系统时，它的防御也需全球性的布局。网络培训及其组件也将在本章中进行讨论。

本书每章都配有精心设计的练习题和课题项目。这些练习题和项目可用来帮助老师引导学生选择每章相关的课题进行研究。

在线支持

作者与出版商合作建设了专门服务于这本书的网站。这个网站旨在为读者以及使用这本书的教师提供支持。网站会每月更新由作者撰写的在网络空间和网络安全领域的最新发展情况。该网站还提供相关的法律和技术的网络链接。老师们也可使用本网站提供的辅助课堂授课的幻灯片演示文稿。

网址：http://www.kostopoulos.us/cybersecurity/

George K. Kostopoulos

CYBERSPACE
AND
CYBERSECURITY

目录

Cyberspace and Cybersecurity

第 1 章

信息系统中的漏洞

Vulnerabilities in Information Systems

网络空间：从未知之地到无主之地

Cyberspace: From terra incognita to terra nullius

1.1　引言　Introduction

任何系统中的漏洞都可能是由有意或无意的疏忽造成的，或是由一个粗心的设计错误引起的。这个漏洞会直接或间接地危害系统的可用性、完整性和保密性。漏洞可能隐藏于信息安全的各领域；信息访问安全、计算机和存储安全、通信安全以及操作和实体安全。信息系统的主要组成部分是人、硬件和软件，因此必须找出在这三者中存在的漏洞。图 1-1 说明了有助于打造安全网络空间的因素和对网络安全的期望。

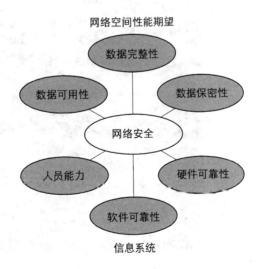

图 1-1　网络安全是网络空间的基础

　　半个多世纪前，设计师、工程师和科学家们成功地量化了"可靠性"这一概念并将其应用于软硬件的设计和维护中。今天，他们正在努力量化"漏洞"，因为这个抽象的概念适用于信息系统的安全。量化的目的是以可衡量的、标准化的和能理解的方式来诠释安全，并且"通过列举安全数据和能准确传达信息的标准化语言，提高安全的可衡量性，并通过发展知识库来鼓励用户进行信息共享。"[1]

　　漏洞可以隐藏在数据、代码或者最常见的进程中，不经意地允许了未经授权的访问。然而，入侵不仅会发生在互联网中，也会发生在内网里。内网的安全防范机制通常不完善。通过应用在用户端和服务器端的智能认证机制，可以加强安全。在用户端，如果引进额外的机制，例如一次性密码、动态口令，通过内部或外部额外提供的方法，可以大大强化整个安全认证过程。这些方法可以是生物识别技术、问卷调查，或其他透明的涉及用户设备识别码的参数，比如制造商的序列号——MAC 地址或 IMEI。

　　MAC 地址：也被称为物理地址，代表媒体访问控制（Media Access Control），是一个 48 位二进制数，以 12 个十六进制数字表示。MAC 地址唯一地标识了计算机的网络接口。网络接口电路可能是可接入网卡，也可能被嵌入计算机的主板中。

　　图 1-2 显示了如何确定个人计算机的 MAC 地址。

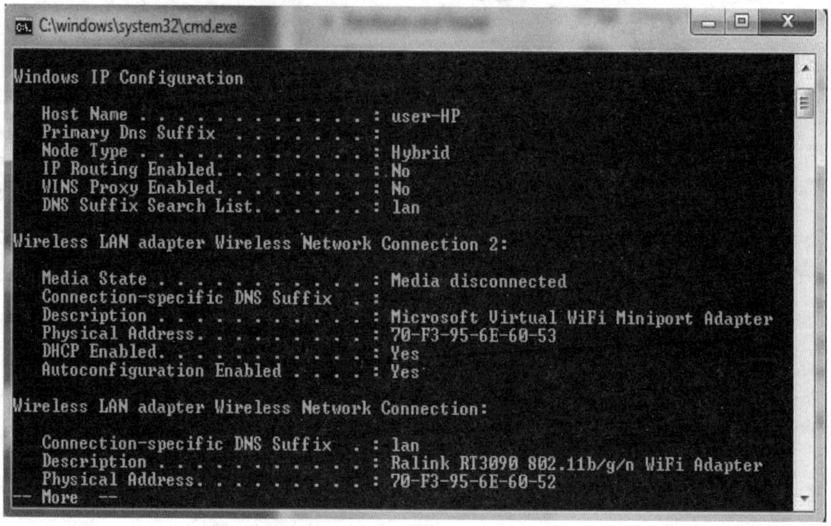

图 1-2　一台个人计算机的 MAC 地址：70-F3-95-6E-60-52

IMEI 的全称是 International Mobile Equipment Identity（国际移动设备识别码），它唯一地标识了移动设备。它通常是一个 13 ~ 15 位的数字。全球移动通信协会分配给每个设备一个 IMEI。图 1-3 显示了手机上的 IMEI。

除了 MAC 地址和 IMEI，设备序列号和网络参数也可以用于认证，如内网和互联网地址。上述方法适用于客户端向服务器端进行身份验证。

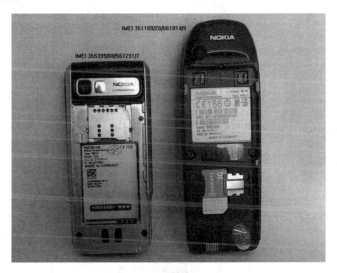

图 1-3　手机的 IMEI

在服务器端，证书、IP 限制、数据封装可以大大加强身份认证及安全性。传输过程中的数据可以用哈希码保护，如 CRC（循环冗余码）和私钥/公钥加密机制。

信息系统中的漏洞可能由各种各样的原因造成：从防火墙侵入和木马攻击到静态资源的分配。最常见的漏洞出现在系统正在升级或适应新操作环境时。

1.2　测量漏洞　Measuring Vulnerability

NIST（美国国家标准技术研究所）已开发出一种在软件系统里为安全内容提供标准化分类和评估的协议。该协议旨在"规范安全漏洞和配置信息的标识和编目。"[3]。该协议被命名为 S'CAP（读作"es-kæp"，意为安全内容自动化协议），由以下六个部分组成：

1. 通用漏洞披露[①]

这是用来记录已知信息安全漏洞的数据库，其中的每个漏洞都有其独特的标识码。最初，一个新出现的"漏洞"被定义为疑似漏洞，如果为其在 MITRE CVE[4]列表中注册一个条目并最终在 NVD[5]（国家漏洞数据库）中注册，该疑似漏洞就成为正式的了。截止 2010 年夏末，NVD 包含 43 163 个 CVE 漏洞，并以每天 11 个漏洞的速度在增加。在该数据库中，可以发现许多软件（包括著名的操作系统和网页浏览器）的安全漏洞。

2. 通用配置计数器

这是一个类似的数据库，但存储的是在系统配置中发现的安全漏洞和接口不一致信息。这些信息可以帮助系统遵守合规性，确定适当的互操作性和记录核查。其提供的信息是以叙事形式发现存在的问题并通常会提供相应的解决方案[6]。

3. 通用平台计数器[②]

该协议涉及软件的适当命名并提供一个层次结构。这样可使软件被明确定义，从而大大方便了软件的库存管理[7]。

4. 通用漏洞评估系统[③]

这是一种和系统软件的开发及使用有关的参数的算法，它提供了一个分数来体现其安全性[8]。由于其所提供的算法没有使用成本，因而被执行风险分析和系统规划的系统设计者和安全分析师们广泛使用。网上有利用通用漏洞评估系统实现开发的算法[9]。

---

① 通用漏洞披露（Common Vulnerabilities and Exposures，CVE）：在国际范围内免费公开使用，是一个公开的信息安全漏洞和披露的目录。http://cve.mitre.org/
② 通用平台计数器（Common Platform Enumerator，CPE）：是一种用于信息技术系统、平台和软件包的结构化命名方案。基于统一资源标识符（URI）的通用语法，通用平台计数器包括正式的命名格式，用于描述复杂平台的语言，用于根据系统检查命名的方法，以及用于将文本和测试绑定到名称的描述格式。http://cpe.mitre.org/
③ 通用漏洞评估系统（Common Vulnerability Scoring System，CVSS）：提供了一个开放的框架来传递漏洞的特征和影响。系统的定量模型确保可重复的精确测量，同时使用户能够看到用于生成分数的潜在漏洞特征。http://nvd.nist.gov/ cvss.cfm?version = 2

5. 扩展配置清单描述格式[①]

它是 XML 模板，以便于编制标准化的安全指导性文件。这些指导性文件"通过自动化安全工具的规范化的配置内容"[10]介绍软件、特定配置或使用软件的漏洞或安全问题。

6. 开放漏洞评估语言[②]

它"横跨整个信息安全工具和服务（和）标准化评估过程的三个主要步骤"。换句话说，开放漏洞评估语言是系统信息的代表，描述特定机器状态和信息系统。开放漏洞评估语言被企业使用在各种各样的关键功能中，包括漏洞评估、配置管理、补丁管理、政策遵守、基准文件和安全内容自动化[11]。

"安全内容自动化协议（S'CAP）是来自共同体思想的可互操作规范的综合体"[③]

图 1-4 展示了协议的各个部分。在 S'CAP 之外，其他措施在其他方面提供标准化，如图 1-5 所示，其中有通用弱点计数器[④]、通用恶意软件计数器[⑤]、通用弱点评估系统[⑥]、恶意软件属性枚举描

---

① 扩展配置清单描述格式（Extensible Configuration Checklist Description Format，XCCDF）：是用于编写安全检查表、基准测试和相关类型文档的规范语言。扩展配置清单描述格式表示某些目标系统集合的安全配置规则的结构化集合。该规范旨在支持信息交换、文档生成、组织调整、自动化合规测试和合规评分。http://scap.nist.gov/specifications/xccdf/

② 开放漏洞评估语言（Open Vulnerability and Assessment Language，OVAL）：是国际化的、可免费供公众使用的，是信息安全社区努力规范如何评估和报告计算机系统状态的成果。开放漏洞评估语言包括编码系统的语言和整个社区内各种内容存储库。http://oval.mitre.org/

③ 安全内容自动化协议是从社区想法中不断发展出来的互操作规范的集合，旨在满足不断变化的社区需求。http://scap.nist.gov/

④ 通用弱点枚举器 （Common Weakness Enumerator，CWE）：提供一组统一的、可衡量的软件弱点，以便更有效地讨论、描述、选择和使用可以在源代码和操作系统中找到这些缺陷的软件安全工具和服务，并更好地了解和管理与架构和设计相关的软件弱点。http://cwe.mitre.org/

⑤ 通用恶意软件计数器（Common Malware Enumerator，CME）：为新的病毒威胁提供唯一的常见标识符，并减少公众对恶意事件的混淆。http://cme.mitre.org/

⑥ 通用弱点评估系统（Common Weakness Scoring System，CWSS）：就像上面的通用恶意软件计数器一样，这个工具是基于一个全面的弱点算法，它考虑到了许多可能会导致该软件出现漏洞的因素。http://cwe.mitre.org/cwss/index.html

述[①]和通用攻击模式枚举分类[②]。

　　上述标准为信息系统漏洞的评估和报告形成了一个非常强大的基础，因此可以用一个准确、标准、量化和明确的方式来描述漏洞、弱点和恶意软件。使用 S'CAP 技术，可以用一种标准和最终被全行业都接受的方式对信息系统进行安全级别的评估。

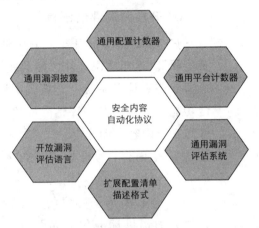

图 1-4　安全内容自动化协议的组成部分（http://scap.nist.gov/）

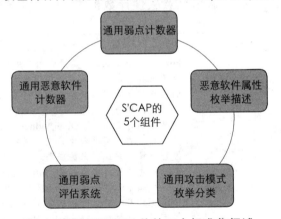

图 1-5　除 S'CAPE 外的五个标准化领域

---

① 恶意软件属性枚举描述（Malware Attribute Enumeration and Characterization，MAEC）：是一种标准化语言，根据诸如行为和攻击模式等属性，传递关于恶意软件的高保真信息。http://maec.mitre.org/
② 通用攻击模式枚举分类（Common Attack Pattern Enumeration and Classification，CAPEC）：是由国土安全部负责的，是国家网络安全部软件保障战略计划的一部分。这项工作的目标是公开提供攻击模式目录以及全面的模式和分类。http://capec.mitre.org/

1.3　通过安全编码避免漏洞
Avoiding Vulnerabilities throuth Secure Coding

　　以前，软件开发的设计目标是开发出代码行最少的高效程序，或是执行时间最短的程序，或者是两种的结合。由于内存的高成本和处理器的低速，以前有价值的是内存空间和处理速度。数据完整性的容错率往往是设计师考虑的。因为所有的系统都相互分离，没有联系，所以安全性从来没有得到过关注。

　　在重要软件的设计中，遵循操作系统设计的原则，通过把代码和数据分配到常驻区和暂存区可使漏洞最少。也就是说，当应用程序被调用时，程序和数据被按需实时调用，而不是调用整个应用程序。通过这种方式，如果有恶意软件入侵，损害将会被限制在已经下载好的（载入到内存的）部分程序中。

　　今天，一般来说，存储空间和处理速度都不再是开发程序的约束条件。那个时代已经一去不复返了，取而代之的是高速互联的世界。互联网将每一个可连接的设备 —— 从手机到超级计算机 —— 连接起来。这种先进的方式提高了生产力，但往往掩盖了附带的安全风险。专家们坦率地承认："互联网是一个不友善的环境，因此你必须（能够）抵御攻击（以生存）。"[12]因而互联网往往被称为"狂野的"网络。

　　设计在网络上使用的代码时要考虑到被恶意攻击的可能性,就像设计和建设抵御地震的建筑一样。至于什么是好代码，其标准已经改变，即已从具有最少行数的代码变为有最少漏洞的代码。

　　希腊有一句很流行的谚语："与其花时间寻找你失去的驴，不如花时间保护你有的。"这个谚语直接适用于互联网软件的设计：与其费心费力地处理被入侵后的后果 —— 昂贵的补丁、负面的影响等，不如多花时间设计安全的软件。换句话说，今天，软件质量和软件安全的概念已深入到各个方面。因此，如果软件需要保护，那么相应的安全机制必须到位。对于网络应用程序来说，现在的趋势是依靠自己的防火墙而不是仅仅依靠主机系统的防火墙。

如果考虑漏洞所产生的无形损失，修复漏洞的成本通常是很高的。修复期间，许多资源会十分紧迫地从其他任务撤出来并致力于这一修复任务。如果以货币的形式来衡量，修复漏洞的成本以美元计是 5 到 7 位数，具体取决于漏洞的隐蔽性。通常采取以下步骤来纠正漏洞，图 1-6 也说明了这些步骤。

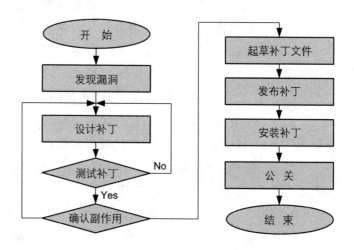

图 1-6　纠正一个软件漏洞的必要步骤

（1）定位漏洞的起源。

（2）设计一个补丁来加强代码和消除漏洞。

（3）应用和测试补丁。

（4）确认是否有副作用。

（5）起草补丁文件。

（6）为每个受影响的客户安装补丁。

（7）安装补丁程序。

（8）确认补丁的有效性。展开宣传活动以抵消之前的负面影响。

除非明确找出了漏洞的源头，否则任何补丁都可能只是掩盖了问题而没有真正消除漏洞的根源。最常见的由不安全代码造成的安全漏洞是：

> 缓冲区溢出。程序给新创建的数据分配有限的空间。除非该程序采取预防措施[13]，否则过多的数据会填满缓冲区，从而造

成程序崩溃。

➢ 算术溢出。通常发生在有累加并且超出累加器的最大数值时。同样，除非采取预防措施[14]，否则下一个加入累加器的数值会使累加器产生错误的结果。

➢ 格式化字符串攻击。不安全的代码允许用户提供数据输入作为一个命令。如果允许的话，攻击者可以安装自己的可执行代码[15]。

➢ 命令注射。缺乏输入验证将允许非授权的命令被接受并执行。[16]

➢ 跨站式脚本。通常通过访问控制将恶意代码移入客户端软件中。[17]

➢ SQL（结构化查询语言）注入。SQL代码会误导程序来执行它。[18]

➢ 不安全的直接对象引用。这会在网页检索中发生。网页被数据库中该页的直接对象引用，而不是被自身的HTML（超文本标记语言）文件的名称引用。这显示了数据库的身份，攻击者可以利用它来检索其他文件。[19]

➢ 不安全存储。例如，对关键文件不加密或没有读/写保护。隐写术就是一个糟糕的例子。[20]

➢ 弱加密。这种情况下，攻击者可以很容易地破译文件加密。[21]

➢ 竞态条件。这种情况发生在一个资源在被第一个用户使用完之前就被授予第二个用户使用。[22]

软件安全必须来自产品规格。这不是软件开发中的一个步骤，而是一个与功能设计和代码编写交织的解决方案。也就是说，软件设计师的思维模式需要两根并行轨道：功能性和安全性。安全应成为一种机制，它揭示并随后阻止入侵。这种安全机制应该是健壮并经过精心设计的，应该永远不会被试图攻击者的入侵方案所取代。

除了考虑可能的攻击者，设计师还必须考虑用户的便捷性并提供一种安全机制。这种安全机制应不妨碍正常运作，且对于用户，该机制要尽可能地透明。

1.4　错误可能是好的　Mistakes Can Be Good

　　无论在哪里，错误总是被视为负面的、失败的。这种态度其实是错误的。当爱迪生被问到在完善白炽灯前，他失败了 100 次时，他回答道：因为从每次的失败中学到一些新的东西，他的成功只花了一百步。当然，一而再地犯同样的错误不是智慧的表现。我想表达的是，只要我们对待错误的态度是真诚的，并能从中学到一些新的知识和教训，我们就应该不畏犯错。

　　扩展比实际需求更多的安全权限是错误的。当安装程序时，必须列出所有需要的资源及其所需特权，如读、写、创建、删除。这样，当恶意软件被安装在应用程序里时，潜在的损失将会是最小的，并且恶意软件将无法在系统内部扩散。

　　同样，当一台计算机属于一个单一用户时，它不应在管理员模式下运行，而应在用户模式下运行。这样，当恶意软件在用户模式下运行时，也不会影响管理员模式的特权区。特权层的存在 —— 用户，超级用户，管理员，超级管理员 —— 使恶意软件在一定程度上被遏制。

1.5　威胁分类　Threats Classification

　　总的来说，有 3 种类型的威胁：非法数据篡改、非法数据访问和非法阻碍数据访问它，如图 1-7 所示。

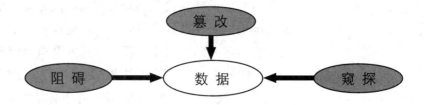

图 1-7　数据威胁的 3 种主要类型

　　微软的信息安全研究人员将所有威胁大致分为 6 大类，它们的首字母组成了 STRIDE[23]。表 1-1 列出了 6 个类别的威胁及其特点。

表 1-1　信息系统面临的威胁

类别	威胁的定义	受影响的安全性能	可能的解决方法
电子欺骗	提供伪证	身份验证	加强用户识别机制
篡改	对内容（代码、数据或进程）的修改	代码、数据或进程的完整性	加强用户访问机制
否认	否认过去记录的行为	过去行为的绝对验证	行为模糊化
信息暴露	非法访问内容（代码、数据或进程）	数据保密	加强数据防护机制
拒绝服务	对资源使用的部分或全部的权限丧失	系统可访问性	加强数据包过滤
权限提升	未授权的权限提升	访问授权分配	加强等级识别

1.6　威胁建模过程　Threat Modeling Process

在信息系统中，威胁（可能利用系统漏洞进行的潜在攻击）有不同的来源，并带来不同程度的危害。我们需要定义并可处理威胁的系统性方法。下面是实现这一方法的一系列步骤：

（1）界定什么是有问题的信息系统。也就是说，确定我们所说的这一系统区别于其他系统的特征。判定在什么情况下，我们需要对信息系统负责。

（2）在量化好我们的系统之后，就可以试图找出我们认为基于内部或外部漏洞的威胁。上面提到的 STRIDE 可以作为将威胁进行分类的出发点。

（3）识别存在于在你的操作中的哪种威胁会构成绝对危险。这种危险可能会给系统带来灾难性的影响。识别威胁能成为真正攻击的模式。

（4）发展对每一个识别出的威胁进行防御的方法，并基于效益和对资源的需求，对所考虑的防御机制进行等级排序。

（5）在对成效、发生概率、严重性和解决方案的开发成本进行权衡后，选择最佳的消除威胁的方法。

这是一个需要所有与系统安全性能相关的人员参与的反复性过程，也就是说，分析师、设计师、程序员、用户、培训人员和评价者都要参加，如图 1-8 所示。这个过程需要一定的时间。

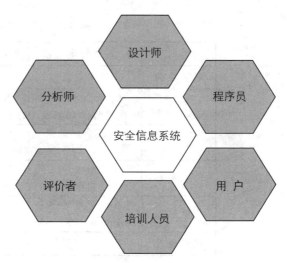

图 1-8　安全信息系统发展的参与者

1.7　安全从家开始　Security Starts at Home

毫无疑问，家是 SDLC（系统开发生命周期）的创意阶段，尤其是程序设计和编码阶段。SDLC 往往被描述成由 7 个基本过渡阶段组成。它们是：

（1）从抽象的需求到形式的要求 —— 分析。

（2）从形式的要求到整体的设计 —— 设计。

（3）从整体的设计到程序代码。

（4）从上述所有步骤到文件的起草。

（5）从上述所有步骤到系统测试。

（6）从系统测试到系统利用（或到第 5 步）。

（7）从系统的利用到需求增强（第 1 步）。

在分析阶段，定义安全要求；而在设计阶段，安全机制被制定。后来，在测试时，希望能够发现和消除漏洞。消除漏洞通常采用以下两种方式的一种：一种是从源头消除漏洞，另一种是消除漏洞造成的影响。具体实施取决于当时的情况，一般采用这两种解决方案中的一种。

现在，为了工作者的安全，使用安全工程师监督所有活动作为一种标准惯例和一项法律规定已被应用在所有重大网站的建设中。信息系统的开发也是如此，软件安全专家必须监督从头到尾的发展过程，并

执行以下任务：[24]

（1）识别常见的产生漏洞的编程错误；

（2）建立标准的安全编码惯例；

（3）训练软件开发人员（设计师）。

此外，企业内的软件开发措施可能包括：

（1）程序员安全编码的认证；

（2）安全编码软件的认证；

（3）软件分析工具的利用。

软件工具在记录完备且具有安全性的代码发展过程中起到非常重要的作用，这些软件工具可以分为以下 4 类：[25]

（1）代码覆盖 —— 跟踪记录已创建、读取或修改的代码和数据的位置。

（2）指令跟踪 —— 记录每个指令的执行，并可进行随后的逐步分析。

（3）内存分析 —— 跟踪记录内存空间的利用率，寻找可能发生的违规行为。

（4）性能分析 —— 基于用户标准，对软件进行分析和微调以优化性能。

这种方式使信息系统的应用安全可靠。卡内基梅隆大学软件工程研究所领导了设计安全可靠信息系统的设计标准、工具和培训的发展项目[26-29]。软件开发的主要问题是其生命周期的经济因素和物流，往往是投资和回报不相匹配。通常情况下，从最初的想法到最终产品发布的时间会被最大限度地进行压缩，这样就经常会导致非安全软件的发布。

快速软件开发已经吸取了面向对象语言和作为设计现代信息系统基础的结构化编程概念。然而，通过设计而完成的安全软件有一个新的原则，这个原则表明安全必须是其功能中不可分割的一部分。

1.8　应用程序的安全性　Security in Applications

漏洞也源于不安全的应用程序。微软公司的 Word 2003 软件就是一个典型例子：它的缺点是一旦保存，以前删除的文字虽然在最后的 Word 文件中没有了，但它仍然是数据文件的一部分。当用记事本打开 Word

文件时，删除的文字可以被清楚地看到，然而在 Word 文档中，它并不是最后的可见文本的一部分。

此漏洞侵犯了用户的隐私，并且没有提供任何附加功能进行提示。这种情况下，唯一的解决办法是选择将文件内容复制并粘贴到一个全新的文件中。

然而，普通用户既不会怀疑漏洞的存在，尤其对于这种"大牌产品"，也没有技术能力发现并纠正软件设计的缺陷。这正是相关公司信息安全工作人员的责任，他们了解软件上的缺陷并据此提醒广大用户。

美国国土安全部有一个大规模的计算机紧急任务小组 ——US-CERT（美国计算机紧急任务小组），负责提醒公众广泛使用的软件的漏洞，并在网上提供了一个 "漏洞说明数据库"[30]。

例如，漏洞标识 VU # 446012 描述了 "微软 Word 对象指针的内存泄露问题"[31]。该标识中有微软自己的安全公告，该公告指出："当用户打开一个特制的使用格式错误的对象指针的 Word 文件，攻击者可以执行任意（恶意软件）的代码，从而可能损坏系统内存。"[32]该标识还表明 "Office 文档可以包含嵌入对象（嵌入对象中可能会包含恶意软件）。

因此，在使用应用程序前访问数据库并意识到可能存在的漏洞是一种明智之举。将上面提到的数据库[33]按严重性排序，最严重的会是由缓冲区溢出造成的漏洞。所以，缓冲区的大小必须是动态的且需要经常清理无用数据。

网络浏览器是恶意软件攻击的最常见入口。一方面，网络浏览器必须开放以帮助显示数据；另一方面，它还必须进行配置以保护计算机主机。安全专家认为，"许多网络浏览器以降低安全性为代价增加其功能性"。可在网上找到有用的网络浏览器的安全指南，新手和专家都可从中受益匪浅[34]。

1.9　国际意识　International Awareness

与美国相似，其他关注网络空间安全的国家和组织也设立了类似于US-CERT（美国计算机紧急任务小组）的政府机构。表 1-2 列出了部分承担网络安全职责的政府机构。

表 1-2　其他国家和组织的网络安全政府机构

国家	机构名称及其网址
澳大利亚	澳大利亚计算机紧急任务小组 http://www.ag.gov.au/www/agd/agd.nsf/page/GovCERT
加拿大	加拿大网络反应中心 http://www.publicsafety.gc.ca/prg/em/ccirc/abo-eng.aspx
欧盟	欧洲网络和信息安全局 http://www.enisa.europa.eu/
法国	法国网络和信息安全局 http://www.ssi.gouv.fr
德国	德国联邦网络管理局 http://www.bundesnetzagentur.de
新西兰	紧急安全保护中心 http://www.ccip.govt.nz/about-ccip.html
英国	英国国家基础设施保护中心 http://www.cpni.gov.uk/

1.10　练习　Exercises

（1）阅读 *Common Control System Vulnerability* 并提交 300 字的概要报告。

下载地址：http://www.us-cert.gov/control_systems/pdf/csvul1105.pdf（7pp）。

（2）阅读 *Vulnerability Analysis of Certificate Validation Systems* 并提交 300 字的概要报告。

下载地址：http://www.corestreet.com/about/library/whitepapers/w06-02v1-vulnerability_analysis_of_validation_systems.pdf（15pp）。

（3）阅读 *System Vulnerability Mitigation* 并提交 300 字的概要报告。

下载地址：http://www.sans.org/reading_room/whitepapers/awareness/system-vulnerability-mitigation_1339（19pp）

（4）打开微软的 Word 2003，创建一个只写上"Good morning"的文件，然后删除一切并写上"Good evening"，以"Good.doc"为文件名保存文件。使用记事本打开该文件，查看下部代码，你会看到已经删除的"Good morning"。你能从中得出什么结论？

（5）解释缓冲区溢出漏洞，引用 5 个已被确定为拒绝服务攻击漏洞的新闻稿。

（6）查看表 1-2 所列的网站，并找到更多类似的机构。

（7）确定住宅报警系统的优先功能并制定正式的（量化）要求。

（8）选择两个网络浏览器，并就它们的安全性进行比较研究。

（9）研究"管理员"和"超级管理员"的使用。

（10）研究"用户"和"超级用户"的使用。

Cyberspace
and
Cybersecurity

第 2 章

组织中的漏洞

Vulnerabilities in the Organization

网络空间是现代世界的基础

网络安全是网络空间的基础

Cyberspace is the infrastructure of the modern world,
and Cybersecurity is the infrastructure of Cyberspace.

2.1　引言 Introduction

　　因特网已经成为任何组织，例如政府机构、商业机构或学术机构运营的一个先决条件。每个组织都要向公众进行开放，并有网上服务和安全储存数据的能力。互联网几乎给所有组织带来前所未有的机遇。然而，挑战与机遇并行，随之而来的危险也可能会导致巨大且不可挽回的损害。

　　让我们考虑一个"一分钱入侵"的成本。据说，某个银行的网络系统遭到了破坏，每个账户上少了　分钱。让我们看看这　分钱给银行所造成的损失。发现问题后，二十位主管召开了历时四个小时的紧急会议，决定根据前一天的记录核对银行所有 250 000 个账户。这项任务将需要银行的 5 个 IT 部门工作两天。通过多家媒体，银行的公关活动希望消除任何负面宣传的影响。毫无疑问，"一分钱入侵"实际上会以比一分钱多得多的损失结束。

　　各个组织通过共享数据库，通过内联网、外联网和互联网，进行电子化运营和监督，也就是说，基于对现实的感知而不是现实本身进行运营。银行经理的工作是查看屏幕上的银行财务状况，而不是计算分布在成百上千银行中的实际票据和硬币。

　　虽然信息系统带来了前所未有的便利、效率和效益，但危险也随之而来。因此，各个组织的当务之急是采取与日益增加的威胁相匹配的保障措施。在信息系统出现安全漏洞的情况下，最重要的安全措施是实时检测、快速通知和紧急补救。

　　某白皮书指出："我们的业务……需要瞬时检测攻击或漏洞，并提供有效的解决方案"。①因此，检测是保障安全的基石。安全系统设计提供了事件分析和漏洞修复过程。

2.2　常见组织漏洞
Common Organizational Vulnerabilities

数据安全服务可由内部的工作人员，外部的数据安全组织，或者两者一起提供。无论是哪种方式，内部的 CIO（首席信息官）是最终负责人，是信息系统定义、设计、实施，以及后续包括安全管理操作在内的最终权威。

在组织信息系统的定义中，每个功能模板需要有一个附带的解决外部及内部可能存在的攻击的安全组件。据统计，最成功的网络攻击往往是"里应外合"即在了解漏洞的内部成员帮助下成功绕过系统安全防御而使用组织的资源。

在信息系统的设计和实施中，除了预期的标称性能，还需要补充安全功能以防止产生漏洞。大多数漏洞出现于下面一个或多个方面：

（1）数据备份：空闲期间备份不兼容系统操作速度的数据。是否每隔一小时、一分钟、一秒或一毫秒进行备份由首席信息官决定。要精心选择从软盘到硬盘移动数据的频率。此外，需要决定永久性数据及它们的存取政策。删除不必要的数据是非常重要的，它需要遵守规定。因为归档数据的访问记录可以提供有价值的信息，所以入侵后的分析绝对要依赖备份数据②。

（2）操作缓冲区溢出：每一个数据输入或进入请求都暂时存储在缓冲区中。一般软件设计只要求一个粗略估计的固定大小的缓冲区。无论多大，缓冲区都可能填满，使特定功能无法使用。具有安全思想的软件设计要求动态大小的缓冲区。该缓冲区可以不断延伸到广阔的可用磁盘存储空间中。攻击者会有针对性地使缓冲区溢出，这通常会导致数据或代码的重写。攻击者可能会安装恶意软件，因而缓冲区可能会拥有具有灾难性后果的可执行代码。

---

① 互联网安全与商业，第一部分。http://www.backupdirect.net/ internet-security-and-business- part-one.

② 存档数据：不再在组织的操作中使用，但包含可能有助于入侵后分析的有价值的信息数据。

（3）运行速度饱和度：无尽的和持久的请求可能会超过系统的计算限制，并且几乎使外部与真正用户的通信瘫痪。同样，具有安全意识的软件设计应当有忽视或封锁同一来源的持久性请求的机制。

2.3　访问权限与认证
Access Authorization and Authentication

授权码和进程往往由于许多原因而易受到攻击。最常见的原因有：

➤ 系统允许用户无止境地进行密码输入尝试。在这种情况下，攻击者使用密码生成器自动进行攻击，发现正确密码只是时间问题。

➤ 系统不允许用户进行密码输入尝试，并且不允许用户在可能是漏洞的地方写密码。

➤ 系统常常要求用户更改密码，这给用户造成不便。用户进行最小限度的更改，每次更改都增加了系统的脆弱性。

目前认证技术包括以下四个方面的因素，如图 2.1 所示：

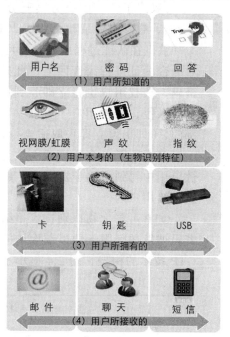

图 2-1　授权标准

（1）用户所知道的，例如密码、PIN 码。

（2）用户所拥有的，例如 ATM 卡、智能卡（USB 设备）。

（3）用户本身的，例如生物识别特征（如指纹）。

（4）用户所接收的，例如通过移动电话收到的 OTP（如手机短信），或通过互联网接收的（如电子邮件，或其他个人访问的应用程序）。

"用户名和密码不能再保障足够的安全"[2]。一个成功解决密码问题的方法是使用 OTP（一次性密码）[3]。即当用户每次需要访问系统时，授权服务器通过交替通道给用户发送一个一次性密码。这些通道可以是：

（1）移动电话，即授权服务器通过手机短信或即时机器发送 OTP 给用户。

（2）互联网，授权服务器通过 Skype、MSN，或以电子邮件的方式发送 OTP 给用户[3]。

该解决方案属于所谓的双因子认证（TFA）①。双因子认证意味着使用两种授权模式来对用户进行最佳认证。第一个是传统型因子，如用户名和密码；第二个是非传统型因子，如对某个问题的一个答案或一个生物参数，或 parabiometric② 参数。

"双因子认证解决方案充分利用了日常工具 —— 移动电话来保护（验证）账户的登录和交易。"[2]这种验证属于 parabiometric 类别。

手机在认证过程中的参与可以像接受一个 OTP 这样简单，甚至是对语音验证进行语音回复。此外，即使攻击者输入了正确的用户名和密码，授权用户也将立即收到该访问的电话通知。如果该访问是攻击者的入侵，授权用户"可以立即冻结该账户，并通知该公司的反欺诈部门，（即）可立即采取适当行动。"[2]

多重因子（多种模式）认证方式的应用正呈上升趋势，在高安全性应用中得到了逐步发展。OTP 的例子如图 2.2 所示，密码是通过手机发送给用户的。

OTP 可与生物识别技术相结合，如图 2.3 所示，指纹读取和一次性密码被发送到服务器以获取访问资源的权限。图 2.3 说明了生物识别 OTP 技术的构架，图 2.4 显示了使用生物识别技术（指纹）和 OTP 的

---

① 双因子认证：当向访问控制权限提供两种独立模式的秘密参数时，允许访问。

② Parabiometric参数：与个人密切相关的参数，但不是该人的物理属性，例如用户的手机号码、计算机的MAC地址或在访问授权过程中使用的移动设备的IMEI。

认证技术架构。

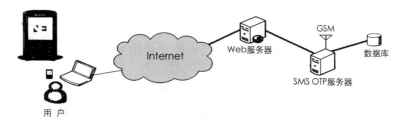

图 2.2　通过短信发给用户一次性密码的认证技术
（由 www.nordicedge.se 提供）

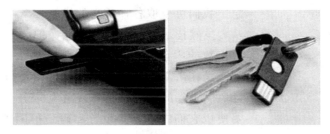

图 2.3　在 USB 上进行的生物指纹读取（由 www.ubico.com 提供）

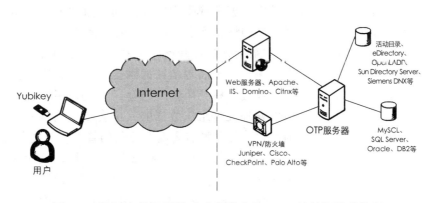

图 2.4　使用生物识别技术（指纹）和 OTP 的认证技术构架
（由 www. nordicedge.se 提供）

2.4　人为因素　Human Factors

一份非机密的美国政府报告显示，"过去出现的绝大多数安全问题都牵涉内部人员，要重点提防具有访问权限，可以绕过物理安全屏障的内部人员，而不是突破安全区域的外人。"[4]

　　涉及互联网或者数据处理工作的人是一个组织的关键性资产，但这也可能会变成一个薄弱环节。这些工作人员的工作可能是写代码、编辑数据库、使用 USB 存储设备，或者仅仅是发送电子邮件。每一个活动都需要在具有安全意识并遵守相关政策的情况下进行。"技术本身不是问题的答案。"[5]

　　组织的数据是怎样输入、修改、读取或删除的政策建立和执行是任何企业的数据安全的关键。同样重要的是信息系统的尾随审查能力，使数据的变化可追溯到他们的原点。有多种方式通知数据所有者他们的数据正在被读取。根据数据的重要性，从接收电子邮件到手机短消息，我们可采取各种适当的措施。

　　虽然技术可以相当程度地保护一个组织的电子资产，但它不能杜绝大多数的内在威胁。统计资料指出，对数据库的大部分攻击是来自内部或是在内部帮助下的外部。正如有句话说的一样："你不能保护你自己免受自己的保镖、厨师或医生的伤害。"在组织的数据和那些真正需要使用它们的人之间设置障碍是很困难的，任何组织都不能将它的成员当成潜在的罪犯。然而，安全机制必须到位以使组织中无人可以凭一己之力就造成重大破坏。同样重要的是，组织中无人可以在不留任何痕迹的情况下进行数据访问或修改。[6]

　　"案例分析和调查研究表明，有一部分信息技术专家特别容易受悲伤、失望、不满等情绪的困扰，并因此产生判断失误，进而导致风险增加或行为易受操纵的危险。"[6]与软件、流程或程序中存在的漏洞类似，处理关键组织数据的人员会受到同样的困扰。这是一个非常敏感的问题，如果没有高度专业化的管理，可能会导致组织人心分离。

　　首席信息官和人力资源主管一同承担了评估组织中处理关键数据人员的责任。对于这方面，所有成员都需要接受特定的培训和安全指导。对于联邦部门，文件标准是由 NIST（美国国家标准技术研究所）[7]决定的。该指导方针是为政府机构建立的，但同样适用于民用部门。如果信息的安全性受到损害，它则强调对于可能产生的不利后果的认识。

2.5　安全服务　Security Services

　　安全服务可由内部人员，外部的数据安全组织，或由两者一起合作提供。无论采用哪种方式，企业的 CISO 或 CSO（首席信息安全官）是最终负责人并且是信息系统的定义、设计、实施和后续操作和安全管理的最终权威。

使用经验和专业知识超过内部人员的外部安全组织具有显著的好处。然而，总的来说，当外部的安全顾问进入一个组织时，组织的漏洞将会增加。表 2-1 列出了安全顾问机构提供的大多数服务。

表 2-1　安全咨询服务

安全审计	入侵测试	网络监控
安全架构	性能测试	数据迁移
安全设计	异地归档数据	资源获取
防病毒服务	异地数据备份	安全培训

2.6　外部技术　External Technologies

企业信息架构的概念往往超出了数据、数据库、内联网和网络空间的范畴，它包括外部的技术和资源。使用 GPS（全球定位系统）就是这样一个例子。GPS 由美国国防部提供和维护[8]，是一个由 24 颗卫星组成的系统，以提供经度、纬度、高度、方向和时间等参数的形式来提供位置信息。图 2.5 显示了 GPS 和它的 24 颗卫星。

图 2.5　GPS 和它的 24 颗卫星

这项技术被应用在众多领域中，例如："紧急响应服务，执法，货物安全，核材料运输，飞机导航和公共事业、电信、计算机网络的关键时间同步标准。"[9]

虽然该系统非常准确可靠并且没有漏洞，但系统的"……GPS 信号并不是安全的"[9]。攻击者可以干扰用无线电接收的数据，甚至欺骗，捏造信息来误导用户。因此，错误的数据会误导用户，使用户偏离正确的地址。

幸运的是，对此也有一些相应的对策，这些对策虽然不能恢复正确的信号，但它们会提示干扰和欺骗的行为。在存在信号干扰的情况下，GPS 接收机接收到一个比较强的无线电信号，但没有数据，这种情况表明该信号已被干扰。至于欺骗，用户可以通过常规手段来确认接收到的数据。例如，用指南针验证行驶的方向，或用手表比较收到的时间。此外，带有欺骗性的信号的强度往往会比预期的强 1×10^{-16} W[9]。因此，虽然 GPS 信号的来源非常可靠，但使用者应该对可能存在的黑客侵入行为具有防范意识。

2.7　无线网络　Wireless Networks

网络及其相关资产也受到内部或外部无线通信漏洞的威胁。虽然三种标准化的无线技术 —— 蓝牙、Wi-Fi 和 WiMAX 具有安全通信功能，但漏洞也确实存在，用户需要知情并能妥善处理相关漏洞。由于是无线的并使用 RF（射频）频谱，无线网络很容易受到一些难以抵御的威胁。它们是：

➢ 窃听。流量分析仪的使用使交换数据的接收和采集变得非常容易。随后，加密数据可被收集并可能被破译。

➢ 数据加扰。RF 噪声可能会间歇性地加入原信号从而干扰正常通信。

➢ 干扰。在附近发射一个在频谱范围内功能强大 RF 信号源可使网络瘫痪。当然，除非信号源是移动的，否则源位置可以被很容易地确定。

➢ 身份欺骗。这是一种具有类似无线功能的干扰物冒充合法基站、移动台或用户站的情况。

最常用的标准化无线网络是 Bluetooth（蓝牙）、Wi-Fi（无线保真）和 WiMAX（全球互通微波存取）。

2.8　蓝牙　Bluetooth

 蓝牙是由 IEEE（电气和电子工程师学会）认证的数据通信协议的商业名称。它的技术名称是 IEEE 802.15.1-1Mbps WPAN（无线个人区域网络）协议。该协议的目的是提供"低复杂度，低功耗，无线连接的标准"。[10]

尽管蓝牙已有广泛的安全防范措施，但蓝牙的操作系统设计仍然在无意中留下了漏洞。然而，由于蓝牙代码存在于固件中，蓝牙无线技术可以抵抗"恶意代码"[11]的危害。图 2.6 所示是一个使用蓝牙的个人局域网络，在一个长达 30 英尺（9.144 m），10 英尺（3.048 m）的范围内用蓝牙取代了电缆。

图 2.6　PAN（个人局域网），使用蓝牙技术

一个只有蓝牙装备的设备 —— 手机或个人计算机，当它的蓝牙功能被激活，即设备在发现模式时，存在被入侵的可能性。此外，在所有蓝牙通信中，无论是"善意"或"恶意"的设备，通常必须相距 10 m 以内。然而，高敏接收器使从更远的距离窃听蓝牙成为可能。蓝牙设备中的漏洞可以被分为"被动的"和"主动的"。在"被动的"漏洞中，入侵者暗中监视，而在"主动的"漏洞中，入侵者破坏受害人的设备数据库。

1. 被动漏洞

通过 ping 命令可以识别目标设备。重复使用 ping 命令可以使受害人的设备无法使用蓝牙功能。当一个蓝牙设备正在进行通信时，入侵者可确定设备地址，并用它来进行通信，从而禁止此设备与其他设备的通信。蓝牙规格的改进将最终消除在不可发现模式下的侵入。蓝牙无线技术是在未许可的频段中工作，而在这个频段中，许多其他应用也可进行同样的操作。Wi-Fi 和无线局域网技术使用同一频段，微波炉、无绳电话也是使用同一频段。因此，在这一频段的蓝牙设备可能无法使用。[12]

2. 主动漏洞

通过蓝牙，入侵者很可能完全控制受害设备，即控制手机的 AT 命令，而且让受控制设备的拥有者完全没有注意到这个问题。这一漏洞的结果是入侵者可以操作受害设备，就好像该设备在他们的手中一样。入侵者可以修改数据，可以发送和接收来电和信息，可以访问互联网，甚至可以通过他的电话听取该设备的通话。[13]在相关软件的帮助下，入侵者不仅可以访问受害设备的所有数据，甚至可以读取手机的唯一硬件识别码，也就是所谓的IMEI（国际移动设备识别码）[14]。

3. 预防措施

蓝牙协议规范使用了各种安全措施。然而，除了建立安全政策外，企业也可部署扫描环境和监视蓝牙频段的软件：

➤ 确定各种激活的蓝牙设备。
➤ 提供可检索的设备属性（类、名称和制造商）。
➤ 提供连接信息（配对）。
➤ 确定可提供的服务（传真机、打印机）。

与蓝牙技术本身的架构比起来，使用蓝牙的风险与具体的应用有着更多直接的关系。考虑到蓝牙技术的诸多限制——低射频功率、距离、带宽，高敏感度或重要的应用程序不会寻求蓝牙的支持。蓝牙就是一种电缆替代品，只要坚持基本的预防措施，蓝牙无线技术将会像设计的那样安全。[15]。

2.9　无线保真　Wireless Fidelity

Wi-Fi（无线保真），是由 IEEE 认证的一个数据通信协议的商业名称，技术上称为 IEEE 802.11-Multi-Rate DSSS [①][16]。Wi-Fi 是 IEEE 802.3 wired Ethernet 协议的无线版本[17]。

技术开发人员和 OEM（原始设备制造商）企业已经形成了 WECA 来支持 Wi-Fi 设备的认证。WECA 联盟由行业的网络和微芯片巨头 3COM、思科、索尼、英特尔、摩托罗拉、诺基亚和东芝等联合成立，它现在是一个包括超过 250 个成员的 Wi-Fi 设备认证联盟[18]。802.11 协议提供一个通用 WLAN（无线局域网）的基础设施标准，通过它，保证了"……Wi-Fi 认证的产品"[19]之间的互操作性。在 WLAN 标准建立之前，几十年来，因为每一个主要的电信制造商都有自己的设计，所以 WLAN 的应用停滞了。

Wi-Fi 的安全特性最初是由 WEP[②]制定，之后是由 WPA[③]制定，目前是由包含 802.11w 访问保护的 WPA2[④]定义。目前有三个版本的 Wi-Fi 标准，即 802.11a、802.11b 和 802.11g。"a"和"g"版本，提供 54 Mbit/s 的数据传输速率，分别使用 5 GHz 频段和 2.4 GHz 频段。"b"版本是最古老的标准，在 2.4 GHz 频段中有 11 Mbit/s 的数据传输速率[20]。5.0 GHz 这个频段是非常繁忙的。然而，支持动态频率选择和传输功率控制的 802.11h 标准的应用，确保了"Wi-Fi 和其他类型的无线电频率装置之间的共存"，例如蓝牙[21]。

下一个 Wi-Fi 的版本是 802.11n。"n"版本的标准不仅在数据吞吐

---

① DSSS：直接序列扩频，是一种电信调制技术，用原始信号乘以已知噪声以覆盖整个给定带宽，然后传输。在目的地，用相应的解调技术检索原始信号。

② WEP：有线等效保密，是Wi-Fi可选加密标准。激活后，WEP加密无线通信的数据。根据发生在无线网卡及其相应接入点之间的安全通信，WEP提供 40 或 64 位加密密钥。

③ WPA：Wi-Fi 保护访问，是 128 位密钥的 WEP。

④ WPA2（802.11i）：Wi-Fi 保护访问 2，是一个 128 位密钥的 WEP，具有 PKI 认证的规定。

量方面翻了四倍，达到 200~600 Mbit/s 的范围，同时也与"a"、"b"和"g"兼容。"n"版本利用足够的带宽，并通过"多个天线（和）更聪明的编码来实现原始数据传输速率高达 600 Mbit/s。"[22]。表 2.2 显示了四个 802.11 版本之间的基本差异[21, 22]。

表 2.2　802.11 无线局域网的基本特点[21, 22]

IEEE 无线局域网标准	无线数据速率	媒体存取控制分层数据速率	操作频率
802.11b	11 Mbit/s	5 Mbit/s	2.4 GHz
802.11g	54 Mbit/s	25 Mbit/s	2.4 GHz
802.11a	54 Mbit/s	25 Mbit/s	5 GHz
802.11n	200~540 Mbit/s	100~200 Mbit/s	2.4 GHz 或 5 GHz

在 Wi-Fi 系统中，不包括软件在内，有两个物理组件：接入点 AP[①]和无线网络接口单元，是一个可插入的嵌入式电路，或一个 USB 设备。该系统的中央组件是 AP，它将"无线"的世界与"有线的"（指基础设施）相连接。

因此，AP 一方面与组织的网络（所谓的基础设施）进行通信，另一方面作为一个无线站台与它的无线客户端通信，如图 2.7 所示：AP使用 NAT（网络地址转换）提供共享的局域网/互联网。

去往/来自基础设施

图 2.7　一个典型的 WLAN 网络，不同类型的设备通过 Wi-Fi 互相通信

---

① AP：接入点，负责将有线网络基础设施连接到无线网络，包含无线接口、逻辑和路由器。

在非保护的 Wi-Fi 环境中, WD① 可以用一个被侵入者的带宽进行访问。最低限度, WD 可以访问互联网或受害者的内联网; 最大限度, 可以访问受害者计算机中的所有文件, 并渗透到任何受害者的计算机可以访问的其他地方。换句话说, 在非保护的 Wi-Fi 环境, WD 可以完全控制受害者的计算机。值得一提的是, 任何通过 WD 对互联网的访问将使用受害者的路由器的身份, 这可能牵连受害人。有许多媒体报道的 Wi-Fi 遭劫持的新闻令人难过, 所以就不在这里提及了。

1. 家庭 Wi-Fi 的预防措施

下面是在家庭环境中使用 Wi-Fi 必须采取的预防措施。

① 关闭 IBSS② 模式。在 IBSS 模式下, 移动单位是不受任何限制的, 黑客可以连接并默默访问敏感信息。关闭 IBSS 可以消除这种风险。此外, 只要不再需要, 应尽快关闭 Wi-Fi 接入连接。

② 打开基础模式。基础模式使 Wi-Fi 客户端可以访问其他资源点(如打印机、服务器等)。

③ 关闭 SSID③ 广播。由于在家庭环境中, 我们不期望没有预料的 Wi-Fi 设备, 所以接入点没有必要将其 SSID 的身份公开。通常, 在登录笔记本电脑时手动输入这个 ID 一次, 以后就会被记住。

④ 更改路由器访问。位于接入点的路由器通过账户和密码访问。它们按初始设置工作, 但可以在任何时间重新配置, 这两个参数应间断性改变。此外, 局部内联网的 IP 地址可能一开始为 192.168.1.1, 但也可以被改成其他任何地址, 只要四个域中的数字范围是 0 ~ 224 且没有前导零即可。此外, "没有必要保持默认的路由器的名字"。相反, 对默认值的任何变化将有助于安全。通常情况下, 对于某一特定制造商的所有接入点默认值是相同的, 而且入侵者也通常知晓这些默认值[23]。

⑤ 启动加密。所谓的 Wi-Fi 规范包括 WEP (有线等效保密)。其加密算法有 40 位和 64 位, 更高版本叫 WPA2, 有 128 位。每次移动设

---

① WD(Wardriver): Wi-Fi 区域的入侵者, 试图免费访问互联网和/或窥探 Wi-Fi 客户端敏感数据。

② IBSS: 独立的基本服务设置模式, 俗称特设模式。在这种模式下, Wi-Fi 客户端可以无须接入点直接相互连接。这在安全环境(例如会议室)中有用, 参与者可以设置 "ad-hoc" 网络以进行通信。

③ SSID: 服务集标识, 这是由网络管理员建立的 Wi-Fi 网络标识符 —— 秘密密钥。SSID 包含在所传送的数据包的头部中。

备登录到一个 Wi-Fi 接入点，该单位的登录用户名和密码可以很容易地被 "嗅探器" 捕获。一种阻止的方式是使用 PKI[①]：每一方都知道对方的公共键，一个 "密钥" 可以加密建立并且不揭露任何非加密信息。Wi-Fi 最新版本的安全协议 —— WPA2 提供 PKI。需要指出的是，一旦数据到达目的地，加密消失。也就是说，WPA2 只用于 "航空运输"。此外，"底层（加密）算法是有缺陷的，且相对容易破解"，甚至有网站提供详细步骤来破解 WEP[24]。

⑥ 打开 MAC[②] 地址过滤。通常情况下，Wi-Fi 接入点包含有 MAC 过滤功能的网关，只有已知 MAC 地址的设备可允许过滤器通过流量。这些设备可能会在基础设施（在有线接入点）中，它们可能是打印机或其他计算机，或在无线空间中，如笔记本电脑、具有 Wi-Fi 功能的 PDA 等设备的 Wi-Fi 卡。如果在无线网络中已知 SSID，那么 "没有 MAC 地址过滤，任何无线客户端都可以加入"[25]。但是，这不会阻止知道如何捕捉包并从中提取的 SSID 和 MAC 地址的高级黑客。

⑦ 侦察电波。使用专门的软件，如免费的嗅探器软件 Ethereal，必须经常侦察电波来寻找意想不到的 Wi-Fi 接入点或 Wi-Fi 客户端。像 Ethereal 这样的工具可以捕捉数据，"可以读取捕获的文件，解压缩它们（并仔细分析）759 协议"。[26]

2. 热点 Wi-Fi 的预防措施

为方便客户使用，公共热点不使用任何 WEP 或 WPA 加密或网络过滤功能。为了方便客户的连接，Wi-Fi 接入点实际上公开了它们的 SSID（服务集标识符）。在一个热点中，客户打开他们的 Wi-Fi 连接接入点，提交有效的信用卡号码并建立连接。对于移动设备与接入点的通信来说，接入点的 SSID 是必需的。

对于被黑客攻破的 Wi-Fi 客户端，移动设备与任何接入点通信是没有必要的。开启 Wi-Fi 功能这一事实就足以显现漏洞。无论是公共场合或企业的热点，Wi-Fi 客户需要采取一些预防措施来最大限度地提高对敏感信息入侵者的抵御。下面是一些在连接到热点时需要注意的事项：

① 热点合法性。黑客经常在一个真实的公共热点附近设立假冒接

---

① PKI：公钥基础设施，是基于数字证书的加密方案。
② MAC：媒体访问控制，是网络接口卡（NIC）的 32 位地址。智能接入点允许访问授权 MAC 地址的客户端。

入点，企图引诱连接者。通过这种连接，黑客可以捕获敏感信息（用户名、密码、信用卡号码等等，然后非法使用它们。Wi-Fi 客户需要绝对确定他们试图连接的热点是合法的。通常情况下，热点服务处（候车厅、咖啡厅等等）将有相应的标志。有几个网站列出了世界已知的合法热点[27]。

② 文件加密。在传输前应加密包含电子邮件在内的文件。有许多使用专用软件或嵌入在软件中的应用，如文字处理软件和电子邮件客户端的加密选项。可安装加密软件"自动加密所有入站和出站的信息"[28]。

③ 文件共享。当需要连接到一个热点时，应保持文件共享选项关闭，以防止不需要的文件传输。

④ 打开 VPN[①]。通过这种方式加密，无法使用截获的数据。

⑤ 使用防火墙。一个热点最可能使用单一的静态 IP 服务 200 多个客户。也就是说，所有客户都在同一子网中，使得客户端入侵者更容易窥探其他客户。使用"个人防火墙"可以使这类问题尽量减少。用户可购买防火墙，或者可使用 Windows XP 中所提供的。通过防火墙可以限制流量，阻止或允许"可能是危险的通信"[29]。

⑥ 经验法则。不管是否用有线或无线的方式访问外面的世界，某些额外的预防措施同样适用：使用最新的防病毒软件，使用最新版本的操作系统，使用基于 Web 的安全（HTTPS）的电子邮件，对敏感文件的个人密码进行保护，以及最后同样重要的是，如果键盘或鼠标在一定时间里没有活动，计算机会被锁定。

3. 企业 Wi-Fi 的预防措施

企业对 Wi-Fi 漏洞有更严肃认真的解决方案。对于这样的情况，高级协议和 VPN（虚拟私人网络）是合适的解决方法。在企业中，Wi-Fi 的安全预防措施可包括所有上述描述的，以及下面的：

① 视野检查。目前的方法是射频传感器的定位可以确定客户端是否在确定授权的物理区域内。这样的技术需要对现场地形进行勘探和微调，在测试时保证 100%安全。用视野检查可以使"……Wi-Fi 在一

---

① VPN：虚拟专用网络，是使用 IPSec(互联网协议安全)的安全概念。IPSec 协议提供带有报头和有效负载加密的加密通道，仅使用有效荷加密传输，并提供高级认证功能。通道是一种安全概念，其中的数据首先封装在专用协议（如 IPSec）中，之后再次封装在公共协议中，用于通过任何标准网络（Internet、Intranet 等）进行传输。

个 3D 空间中受到保护⋯⋯（精度为）⋯⋯大约 5 英尺。"[30]

② 高级身份验证。企业可以使用先进的授权/认证协议，如 DIAMETER①，而不是依靠有名无实的 Wi-Fi 的安全功能。

Wi-Fi 现在已经成为无线通信的基础技术。它的主要弱点——会话劫持、中间人攻击和拒绝服务，正在通过安全技术的进步和用户安全意识的增强不断被修复。随着有效数据传输速率超过 200Mbit/s，会有足够的带宽支持先进的加密技术和复杂的授权/认证协议。据预计，有着封包加密密钥和额外强大功能的安全标准 802.11w 将会显著提高 Wi-Fi 的安全性，并会减少入侵者的攻击。[31]

2.10 全球互通微波存取

Worldwide Interoperability Microwave Access

WiMAX 被称为 IEEE 无线网络标准 802.16，在 2004 年被推出。WiMAX 被不断改进和修订，旨在取代电缆、ADSL②和 T1③有线技术服务，充当固定或移动的 LAN 或 MAN（城域网）。WiMAX 使用许可和未被许可的频段来进行高功率和低功率的传输，分别提供 BWA（宽带无线接入）。

WiMAX 的特点：

2~10 GHz 的未经许可的频带被限制在 Wi-Fi 的范围内，为 10～50 m，发射功率通常限于 200 mW。对于 10～66 GHz 可见的授权频段，发射功率可达到 20 W，从一个单基站可提供半径为 50 km 的范围。

WiMAX 的数据传输速率的标准是 70 Mb/s。图 2.8 显示了 WiMAX 的控制窗口和一个 USB WiMAX 适配器。

---

① DIAMETER：高级通信协议提供更高的无线安全性。它是远程认证拨入用户服务协议（RADIUS）的后继。

② ADSL：非对称数字用户线，是有线电话技术，其中数据信道与常规语音通信进行频率复用，并在站点使用分离器进行解复用。该分离器提供连接到标准电话的语音插座和数据插座连接到数据终端。

③ T1：是指示数据速率为 1.544 Mbit/s 的有线电信标准。

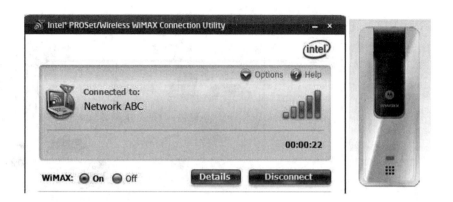

图 2.8　WiMAX 的控制窗口和一个 USB WiMAX 适配器

一些笔记本电脑厂商提供 "WiMAX ready" 设备[32]和 WiMAX USB 适配器[33]。通过使用定向天线的中继器，WiMAX 技术也被用于长途点对点连接。WiMAX 功能包括：

① 漫游 —— 提供客户端的机动性（802.16e）。

② 前向纠错 —— 使用容错算法。

③ 自适应调制 —— 将幅度变为带宽。

④ 用户和设备认证。

⑤ 传输数据的保密性。

⑥ 高数据量 —— 达到 75 Mbit/s。

⑦ Triple-DES①加密 —— 用于认证和传输。

⑧ AAS② —— 采用先进的天线技术（802.16e）。

⑨ 速度分别高达 1 Gbit/s 和 100 Mbit/s 的固定和移动业务（802.16 m）。

图 2.9 显示了一个可能的 WiMAX 环境：在半径为 50 km 的范围里，互联网供全部人口使用。在这种情况下，通过移动电话、笔记本电脑或台式机，互联网供一个单一用户，以及多用户的组织，如写字楼、住宅化区或工业园区使用。

---

① DES：数据加密标准，是一种相信能通过暴力破坏的加密密码。由于当今的计算能力，三重应用程序使得代码破解不切实际。

② AAS：高级天线系统，是增强增益、方向性和数据吞吐量的智能天线技术。

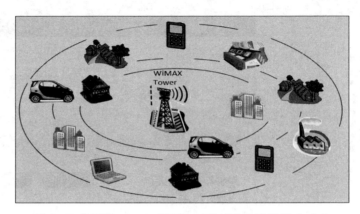

图 2.9　典型的 WiMAX 网络：可以通过无线的方式为
整个都市圈提供网络服务

　　与 WiMAX 产品和服务供应商不同的是，研究人员声称在 WiMAX 技术中有几个漏洞。随着 802.16e 规范的出台，大部分声称的漏洞已被修补。然而，以下在 NIST（美国国家标准技术研究所）的报告中指出的漏洞依然存在[34]：

　　① 端对端（即设备到设备）的安全在没有应用额外的由 IEEE 标准规定的安全措施时是不可能得到保证的。

　　② SA 数据不能被应用到从来没有加密的管理消息。①

　　③ 缺乏双向认证可能会允许一个假基站冒充真基站，从而使 SS/MS（用户站/移动站）无法核实从基站收到的消息的协议的真实性。

　　因此，为了管理信息的保密性，WiMAX 用户需要灵活地实施自己的安全方案。Diffie-Hellman 密钥协议标准经常用在不要交换任何优先密钥的保密通信中，它也可用在 WiMAX 的管理信息中。可以减少无线网络风险的一系列对策可在由 NIST②编写的文件查阅到。[34-38]

2.11　云计算　Cloud Computing

　　计算机和通信硬件的成本越来越低，以及软件的标准化，导致了云

---

① SA：安全协会，是指在两个或多个实体之间提供安全通信的参数。这些参
　数包括特殊标识符和加密密钥、类型和密码。
② NIST：国家标准与技术研究所，负责向国家提供技术和科学问题的标准和
　准则的美国政府机构。

计算的出现。云计算是指对计算能力的使用。这项服务由汇集的资源提供而用户则不知道这种服务的具体来源。图 2.10 说明了云计算的概念，用户只要上网就可使用。

这类服务的提供者共享资源从而创造一个类似配电的服务。在这种情况下，计算能力包括软件、虚拟硬件、数据存储和数据访问。在某种程度上，它与 20 世纪 70 年代的分时概念类似，但它的功能更强大，且通过互联网而不是电话调制解调器访问。今天，由于有了云计算，通过互联可以满足和实现所有的计算需求，任何组织都不再需要计算机中心了。在表 2-3 中列出了云计算的四个基本定义。

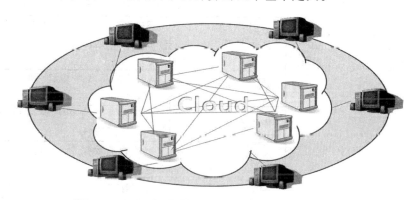

图 2.10　云计算（对用户的唯一要求是能上网）

表 2-3　云计算的四个基本定义

公共型	按需满足公众需求的巨大计算资源的商业中心
私人型	按需满足团体成员需求的共享计算资源的私人中心。安全和隐私措施按照业主的需求进行个性化定制
社区型	按需满足社区成员需求的一个巨大的计算资源，国有社区中心。根据社会需求定制安全和隐私措施
混合型	上述类型的组合

云计算提供商提供基础设施、平台和软件作为服务，分别简称为 IaaS、PaaS 和 SaaS。用户订阅这样的服务并配置他们自己的带有服务器和数据库的虚拟计算机中心，就好像他们购买用于这一目的的物理设备一样。在这样的运作模式下，组织可以随时重新配置和测量计算需要并按使用多少进行付费。这个新兴行业的座右铭是，"如果你需要的话，按小时或按月买你需要的容量[39]"。

　　由共享数据中心提供给用户的应用程序和数据可能驻留在地理上的不同地点，甚至可能公开地改变位置。然而，通过相同的逻辑地址，在网上可访问一切。应用程序的共享使得云计算更有吸引力。作为一种建立虚拟方式并没有分配物理空间的企业数据中心的实用解决方案，云计算已经得到越来越多的支持。表 2-4 展示了云计算一系列最负盛名的优点。毫无疑问，云计算是一个非常强大的不可逆转的趋势，但这也带来安全性和保密性的挑战，在进入这个领域之前，需要仔细权衡存在的漏洞。

表 2-4　云计算的优点

重新配置	用户可以轻点鼠标重新设计他们的计算平台，按照需求选择和删除资源（服务器、存储、应用、网络和服务）
API 支持	API（应用程序编程接口）使云软件与机器或人类的互动成为可能
降低成本	通过按需建立组织数据中心和按需付费的商业模式，云计算降低了准入门槛
减少技巧	比起物理数据中心，建立和维持一个虚拟数据中心要简单得多
连接性	云连接服务包括互联网以及手机访问
可靠性	多个冗余站点的使用可以确保业务的连续和灾难恢复
可扩展性	云计算在自我服务模式下支持按需的可扩展性，允许系统通过增加或减少资源进行重新配置
安全性	提供安全保障功能，通常情况下，个人用户难以承担昂贵的费用
维护性	云计算提供商安装反恶意软件和更新软件

　　"云计算带来的安全挑战是艰巨的，尤其是公共云的基础设施和计算资源由外界用户拥有，由外界用户向公众出售这些服务。"[40]来自一个非常权威的机构，如 NIST 的上述声明能使首席信息官和民间组织停止他们的云计算需求。对敏感的组织数据的物理存储的外包保管，本身就构成了一个重大的漏洞，因而受到强烈的关注。

　　对许多人来说，云计算按照定义是不安全的环境。必要时可以采取额外的安全措施，因为它涉及安全性和保密性，使它和内部数据中心的传统标准一样。

在过渡到云计算之前，可检查保证云服务完全满足组织的安全和隐私要求。云计算提供商经常提供非流通服务协议。然而，这并不是绝对的，协议是可谈判的。必须强调的是，云计算系统应该保障客户及其获得的软件和设备的安全和隐私。

必要时，云计算提供商应该能够证明所提供服务的有效性，特别是安全和隐私方面，这往往通过第三方审计员进入来证实。云计算属于有风险外包一类。因此，对于此类协议，需要进行彻底的风险分析。表 2-5 中列出了云计算环境的主要缺点。

表 2-5　云计算的缺点

系统的复杂性	云计算平台，尤其是公共的云计算平台，因为它们的大小和增加的功能性，存在错误和漏洞
多租户问题	值得担心的是，在一个资源共享的多租户环境中，缺乏强有力的区分可能导致安全或隐私问题
互联网与内联网	云计算是通过网络访问的，不及一个独立的组织内部网安全
人事	公共云计算的工作人员未必有安全检查所需的水平
论争性	在云环境中，取决于内部审计水平，它可能无法连接相关的硬件进行服务。此外，计算机和人类产生活动的过去的条件是无从考证到法院可接受的水平，也不可能进行复制
云政策	云计算提供商的安全和隐私政策可能不符合那些苛刻的私人或政府的租户
账户劫持	虽然没有例子，但强烈担忧凭据攻击及网站受损的可能性
服务中断	由不可控因素导致难以预期的服务中断的例子不胜枚举。这是一个可以很好地在服务协议中讨论的问题，但这类问题往往在发生之后才受到关注
事件响应	用户和服务提供商在审计追踪的艰巨任务可能涉及先前使用的共享硬件。这样的事件将需要用户和服务提供商协调努力

虽然"对外包的，公共的云计算环境的过渡在许多方面都是风险管理的练习[40]"，但是其成本效益将随着时间的推移而得到改善。现在处于起步阶段的云计算最终将成为主流的数据中心集合。

2.12　练习　Exercises

（1）访问 http://staff.washington.edu/dittrich/center/docs/nstissi_4012.pdf，查看国家培训标准指定审批管理局（DAA），将内容概述在 12 张电子演示幻灯片（PPT）中。

（2）访问 http://www.ffiec.gov/pdf/authentication_guidance.pdf，查看联邦金融机构检查委员会的网上银行环境审查认证，将内容概述在 6 张电子演示幻灯片（PPT）中。

（3）访问网站 www.NordicEdge.se ，熟悉一次性密码技术，并通过验证试验选项 http://nordicedge.com/products/one-time password-server/download /体验它。

（4）访问 http://www.itsec.gov.cn/docs/20090507163620550203.pdf，查看无线局域网安全文档，将内容概述在 8 张电子演示幻灯片（PPT）中。

（5）访问网站 http://www.outofblue.net，了解其所提出的技术并站在客户端以及服务器端的角度分别表述你对漏洞的看法

（6）访问 Wi-Fi 硬件厂商的网站，了解相关技术然后设计一个无线局域网服务，这个服务将为一个 3 层每侧各 30 m 的办公楼提供互联网，确定接入点的拓扑结构。

（7）访问 WiMAX 硬件厂商的网站，了解相关技术，然后为 50 km 半径的相当平坦的区域设计提供互联网接入服务。

（8）查看三个名为"云计算的基础"的文件，它们分别在：

① http://www.us-cert.gov/reading_room/USCERT-CloudComputingHuthCebula. pdf；

② http://old.news.yahoo.com/s/ac/20101029/tc_ac/554719_the_basics _of_cloud_computing_explained；

③ http://cloudcomputing.sys-con.com/node/1634967。
准备有相同标题的 12 张幻灯片的演示。

（9）访问云计算提供商的网站，免费试用并建立一个多服务器和多存储基础设施。描述和记录您获得的知识和经验。

（10）访问下列三个文件，并准备一个 12 张幻灯片的标题为"云计算漏洞"的演示。

① 在云计算中 7 个致命的威胁和漏洞

http://www.ijaest.iserp.org/archieves/15-Jul-15-31-11/Vol-No.9- Issue
-No.1/16.IJAEST-Vol-No-9-Issue-No-1-Seven-Deadly-Threats-and-
Vulnerabilities- in-Cloud-Computing-087-090.pdf

② 云计算中跨虚拟存储器的漏洞

http://rump2009.cr.yp.to/8d9cebc9ad358331fcde611bf45f735d.pdf

③ 主要的云计算威胁

https://cloudsecurityalliance.org/topthreats/csathreats.v1.0.pdf

Cyberspace
and
Cybersecurity

第 3 章

信息系统基础设施中的风险

Risks in Information Systems Infrastructure

网络安全是地球上的氧气，它的失败将导致窒息。

Cybersecurity is the planet's oxygen;
its failure will lead to its suffocation.

3.1　引言　Introduction

我们可能没有意识到生活的各个方面都存在风险。风险是导致预期目标无法实现的不利因素。风险分析即基于风险发生的概率及其后果来评估此不幸事故。图 3.1 说明了系统在售前和售后之间存在的必要平衡。

图 3.1　系统生命周期中的平衡

人们已经意识到不可能有任何复杂的系统是百分之百完美或安全的。每一个设计都是在向典范无限靠近。在创造产品或服务时，众多的参数必须按选择的标准达到平衡。最突出的参数是预售成本、发展过程中的时间、将产品推向市场的时间、该产品的售后服务，以及这期间产品或服务的安全性和可用性。

信息系统的开发和使用遵循以上方法。该方法在平衡参数的过程中出现漏洞并产生风险。生活中没有什么是绝对无风险的，只能在可能的情况下购买保险或采取其他措施以尽量减少风险。因此，我们的座右铭是"将风险最小化而不是彻底消除风险"。

今天，每一个组织的信息系统基础设施既是内部的也是外部的，在这种情况下会存在风险。有两个因素可用来评估信息系统基础设施的运作价值：固有风险的识别和对风险的防控。

外部的信息系统基础设施基本上是互联网。遗憾的是，对互联网的依赖几乎成为绝对的。因此，网络安全受到社会各界的极大关注。

尽管互联网中存在给用户带来风险的漏洞，但是因为没有其他选择，所以只能使用有弊端的互联网。然而，通过采取预防措施，用户进行能承担经济风险的识别及评估，这是相对可用、可靠和安全的。

3.2　硬件的风险　Risks in Hardware

系统硬件的每个部分都在组织中起到作用。鉴于其重要性，必须采取适当的安全措施。为了最大限度地减少安全隐患，组织建立了正式的安全策略。这个安全策略必须至少包含以下这 12 条规则：

规则 1：连接识别（Connections Identifications）。硬件的每个部分都被视为一个硬件单元。硬件的每个部分都需要明确其连接，并由具体的安全措施识别、调整和保护，而无论这些连接是有线的还是无线的。该硬件单元的运行参数都必须被明确记录。例如，所有专业人士都必须认识到，只要管理员确定了密码和续保策略，密码就需要识别它们的所有者以及管理员。必须删除不必要的连接，而在有需要时确保必要连接。在适用的情况下，连接日志应该被保留，特别是连接到互联网、内网和任何外网的日志。

规则 2：安全评估（Security Assessment）。安全措施必须随着技术发展和入侵复杂度进行间隔性评估。评估应包括漏洞分析以及渗透测试。安全措施必须包括在所有出入点的双向防火墙、入侵检测和预防系统。对单元的访问必须是一个无万能密码的按需访问。也就是说，保证用户的密码只在被授权时起作用。在任何时候，每个硬件单元都应有相应的负责其安全的部分，即一个硬件单元无论何时也不会被视为无人负责。

规则 3：供应商参数（Vendor Parameters）。所有操作参数都必须经过专业人员的允许。没有默认参数，特别是用户名、密码和防火墙设置的默认参数设计必须被取消。如果可能的话，必须了解和密封后门、陷阱门以及特殊供应商入口点/接口。为了漏洞澄清、业务支持、维护和修理，供应商必须是可以被连续访问的。

规则 4：**安全措施**（Security Measures）。虽然大多数硬件开发商都提供了自己的安全对策，但在一般情况下，他们是基于专有协议，遵循"隐匿是默认安全"的理念。与此不同的理念是，受保护的访问一定不是隐匿的。考虑到单元的重要性，对策必须满足安全需求和该组织的隐私政策。凡使用时，入站访问应改为一个"不要呼叫我们 —— 我们将打电话给你"的方法。也就是说，主叫方进行数据请求，该系统将数据发送到主叫方而不是主叫方直接访问数据库。

规则 5：**入侵检测和预防**（Intrusion Detection and Prevention）。它应是全天候的入侵检测和预防系统。专业人士可以通过多种模式得到对外部以及内部入侵的监视和报告。这些模式有：声音或监控终端的图像，电子邮件或短信。入侵检测和预防系统不可或缺的一部分是预先设置的处理入侵的步骤。在每个与安全相关的活动中，必须有多个 IT 成员参与。从各种不同的观点来看，认识到入侵的评估报告是团队合作而非个人成果是非常重要的。

规则 6：**审核**（Audits）。频繁的技术审核是任何安全对策的支柱。使用现成的安全工具可以记录和审查泄露的操作以确定趋势以及可能的过失。审核应包括对可疑硬件单元物理环境的访问，可能会发现有线或无线攻击点，并确认访问策略的执行。

规则 7：**"蓝队"**（Blue Team）。"蓝队"的成立伴有评估漏洞、威胁和风险的责任。该小组是一个由 IT 和非 IT 成员组成的委员会，这些成员负责识别攻击并提出相应的对策。"蓝队"常建立诱饵系统来预防漫游入侵。

规则 8：**工作说明**（Job Descriptions）。明确的工作说明划定了组织的网络安全架构中的每一个成员的职责和权限。一张流程图指明了网络在紧急情况下需采取的步骤。最重要的是要认识到，为有效履行责任，必须保证相应的权力。

规则 9：**关键功能**（Critical Functions）。在任何系统中，虽然所有的功能都很重要，但某些功能还是较其他功能更为关键或敏感。因此，必须有层级结构图来说明各种各样的功能，因为这些功能构成了系统的使命，同时也需要显示他们的相对重要性以及相应的威胁和对策。考虑到新的威胁不断涌现，此图必须不断由该组织的网络安全委员会重新评估。这种自我评估的过程将使组织对日益增长的网络安全威胁保持警惕。

规则 10：**业务连续性**（Business Continuity）。一个成熟的系统架构师永远不能忽视系统故障。因此，必须采取措施恢复一个瘫痪的网络并将损失降到最低。这就要求连续和多层次的数据归档、功能冗余和人员对必要流程的熟悉。这种危机不一定是由网络攻击造成的，也可能是因为"内鬼"，或自然发生的。

规则 11：**配置管理**（Configuration Management）。任何信息系统的配置从来都不是不变的。新硬件、新软件、新威胁、新市场、新技术和新理念要求 IT 战略家能以不断发展的方式重新配置系统。然而，方式有时是革命性的，因此，配置管理涵盖了整个系统，包括硬件、软件人员的技能，以及安全政策的更新。

规则 12：**深度防御**（Defense-in-Depth）①。这是一个已被移植到信息系统中的非常古老的防御观念。其基本原则有两个：分层防御、无单点故障。在整个系统开发过程中，这一概念的成功实施要求采取适当的嵌入式措施。这些措施将在进入者和对资源的追求者之间创建多个防御层，并会阻止进入者访问未经授权的信息。[1]

3.3　软件的风险　Risks in Software

尽管软件和硬件相辅相成，但它们的发展、维护和安全需要是完全不同的。其主要的区别是，软件的发展缺乏像硬件那样因多年发展而产生的方法和指标。软件永远达不到硬件的水平，因为软件开发是一个百分之百地取决于开发人员的过程。硬件产品的制造，例如个人计算机的制造，可以被分解成具有有限步骤的进程，这些步骤造成了一个确定的技能要求。另一方面，软件开发在很大程度上取决于经验、专业知识和可用的开发者（分析师和程序员）的工具和它的成本，尤其是时间成本不能像硬件一样很容易确定。

"对失败项目的研究表明，美国 75% 的 IT 项目都被认为是失败的"，不符合其赞助商的期望[2]。赞助商通常有三个基本期望：交付时间、预

---

① 深度防御是信息保护（IA）战略，其中在信息技术（IT）系统中放置多层防御。它解决了系统生命周期内人员、技术和运营方面的安全漏洞。
http://en.wikipedia.org/wiki/ Defense_in_depth_(cumputing）

算和性能。为了尽量减小软件开发失败的风险，至少要遵守以下 7 个规则：

规则 1：集成安全性（Integrated Security）。系统开发涉及几个阶段，从开始的概念设计到最后起草用户手册，每个阶段都应有必要的安全措施。这些措施最初用抽象术语进行定义，但在发展的过程中被逐步具体化，最后获得保护系统的具体步骤。

规则 2：结构化的开发（Structured Development）。必须遵循结构化的软件开发模式，这就要求软件将组织模块层次化，以使模块自主而不是代码最长。这样的话，可以很容易地描述和测试一个模块。它可能不是最节省空间的代码，但其测试和故障排除将会是直接和容易的。

规则 3：项目管理（Project Management）。一个项目必须有一个熟练的专业项目经理。认为一名好的分析师或程序员可以成为一名合格的软件开发项目经理是一种错觉。因为这会导致这样的问题：非熟练和不专业的项目领导者不是遵循标准的项目管理原则而是凭自己的直觉进行管理。

规则 4：项目规格（Project Specifications）。规格必须是明确的，不允许有多种解读。大多数软件开发遇到问题都是因为这个原因。一种在软件中非常常见的固有风险是缺乏容错。为了使产品及时并有竞争力地出现在市场上，这个固有的风险已被接受。此外，在某一时间点之后，在设计开始之前，规格必须被冻结。否则，开发将成为"一千零一夜"故事。"系统设计错误比编码错误更为重要，成本也更高；它们也更难以被发现和纠正。"[3]

规则 5：项目规划（Project Planning）。项目开发时间表必须考虑到突发事件的发生 —— 神秘的错误总是出现。因为软件标准通常不会被严格执行，同时软件开发是一个高度依赖经验、专业知识和可用工具的过程，因此不可能精确地预测软件开发任务的时间。特定领域的经验、特定语言、功能复杂性或将产品推向市场的时间等因素都可以显著影响开发的结果。软件开发通常会低估时间、人力资源、复杂性、所需的技能和资本，而在大多数情况下则高估市场需求、企业支持和自身水平。

规则 6：项目测试（Project Testing）。必须拨出 25% 的开发工作量来测试软件，通常分配给硬件测试的工作量则是总工作量的 5%。最佳测试必须遵循 TQM①　理念：在你完成工作时进行测试，而不是在最后进行测试。最佳测试是指不要太频繁，也不要次数太少，而要适中地测试。

规则 7:面向对象语言的使用(Use of Object Oriented Language)。必须使用面向对象的语言（OOL）。通过这种方式，软件开发可以受益于可用的已经开发好和彻底测试过的模块。

除了上述影响软件性能的风险,还可能存在能通过无实质作用的测试的安全隐患。"所有类型的软件都可能包含存在安全后果的错误。"[4]以下 5 个规则可能有助于减少软件的安全隐患，特别是网络安全隐患。

规则 8：补丁更新（Patches Updating）。为了尽快发布到市场，软件开发人员常常提早发布软件，随后提供期望可以消除已知漏洞的补丁。软件用户必须确保他们在供应商的注册名单里，以便当一个新补丁发布时可以尽快收到通知。一般来说，由于产品开发人员发现漏洞和恶意软件变得越来越复杂，补丁是定期提供的。

规则 9：数据验证（Data Validation）。在数据被接收之前，数据和它们的发送者必须得到验证。而在数据被发送之前，数据和它们的接受者也必须同样得到验证。除此以外，在数据被存储之前，数据还必须得到面对面验收的标准验证。同时，当存储以及传输数据时，数据必须是加密的。

规则 10：验证失败（Validation Failure）。在上述三个阶段的数据验证失败后，必须为随后的调查创建错误警报。警报必须是多模式的，包括错误日志、听觉警报、电子邮件，也可能是短信通知。必须有至少一人收到由于可能的入侵所产生的警报。

规则 11：访问控制（Access Control）。必须向软件用户提供一个访问安全级别以满足但不超过他们的权限需求。

规则 12：反恶意软件（Anti-malware）。国家漏洞数据库必须经常更新最新的恶意攻击[5]。反恶意软件必须安装在服务器以及客户端上。在服务器上，基本上有两种类型的攻击。第一种是拒绝服务攻击：使服务器容量饱和，从而不能够为合法访问服务。第二种是资料隐码攻击：影响服务器访问并将恶意软件注入服务器数据库进行非法活动。

---

① TQM：全面质量管理，是要求逐个测试任务从而发现错误的管理哲学，而不是在最后进行彻底的测试。

"使用这种方法，黑客可以通过对程序输入字符串来获得对数据库未经授权的访问"。[6]

表 3-1 列出了旨在最大限度地减小信息系统风险的两套规则（硬件和软件）。

表 3-1　旨在使信息系统风险最小化的规则

硬　件	软　件
① 连接识别	① 集成安全性
② 安全评估	② 结构化的开发
③ 供应商参数	③ 项目管理
④ 安全措施	④ 项目规格
⑤ 入侵检测和预防	⑤ 项目规划
⑥ 审核	⑥ 项目测试
⑦ "蓝队"	⑦ OOL 的使用
⑧ 工作说明	⑧ 补丁
⑨ 关键功能	⑨ 数据验证
⑩ 业务连续性	⑩ 验证失败
⑪ 配置管理	⑪ 访问控制
⑫ 深度防御	⑫ 反恶意软件

3.4　人为的风险　Risks in People

要有效增强跨部门、跨组织或国际化的合作，数据必须能够由各种组织的许多人进行访问。然而，据统计，数据安全的头号威胁来自被授权访问数据的人，即访问敏感数据或敏感服务的人成了漏洞。这样的内线漏洞可以被分为两类：

第一类是具有访问敏感信息权利的人粗心大意，将这些信息暴露给未经授权的人。这常常发生在手机丢失、笔记本电脑丢失、密码泄露、无人值守终端、口风不紧的情况下。通过技术手段和适当培训来提高网络安全意识，可以将这种类型的风险降到最低。

第二类是具有访问敏感信息权限的人背叛这种信任并滥用被授予的权力。大多数这样的入侵旨在谋取数目巨大的经济利益。

对此，可以使用相应规则来最大限度地减少人为的风险。6 个这样的规则如下所示：

规则 1：密码许可。通过密码或其他安全机制的访问必须在需要使用的情况下进行授权，并且访问数据和访问时间是最低限度的。权限的提升应该有锁时机制并能回到正常权限范围。

规则 2：密码维护。密码在有限长的时间里必须是有效的。后续密码必须是非常不同于以往的，而且必须有与数据的重要性相称的复杂性。

规则 3：访问日志。必须根据受保护数据的重要性，自动创建记录，列出访问标记（时间、终端、用户等）。还应生成试图利用漏洞的行为和异常活动的实时警报，"对可疑活动进行自动报警"。

规则 4：技术。考虑到密码丢失会造成风险和不便，可以使用先进的技术，例如一次性密码。对于这项技术，服务器以短信的形式给授权手机发送密码。密码只适用于发送用户名字的机器，且只有几秒的时间。

规则 5：防篡改监测。安全保障和监控系统具有一样的完整性。入侵者往往在进行攻击前使安全监控系统无效。理想的情况下，安全监控系统需要为即时行动自动产生实时威胁警报。

规则 6：分离。从裁员传闻出现到员工实际离职期间，可能会出现内部损害事件。公司通常会提前两个星期或一个月通知离职。在 20 世纪 70 年代，雇员行为发生变化。许多这样的情况发生了：当通知离职时，雇员在最终离开公司前会破坏公司的财产。因任何理由或任何借口解雇雇员都需要诚信、保密、无可争议、专业、果断和公平。

3.5　笔记本电脑的风险
Risks in Laptops（Mobile Devices）

应采取相应对策来解决越来越多的笔记本电脑失窃事件。笔记本电脑已经成为我们的终生同伴，在大多数情况下，它们的泄露或丢失是灾难性的。作为最低标准的保护，用户可以在硬盘上安装一个将除了主引导记录 MBR 以外的所有内容进行加密的全磁盘加密[①][8]。全磁盘加密可以由适当的外部硬件设备支持。

若计算机开机后无人值守，全磁盘加密就无法起作用。然而，口袋中的邻近锁定技术设备可以帮忙，提醒你离受保护的东西超过了一定距离。表 3-2 列出了非排他性的可以最大限度地减少笔记本电脑相

---

① MBR：主引导记录，是位于存储设备第一扇区中的 512 位序列，包含有关设备内部分区的信息。

关安全漏洞的建议。图 3-2 给出了最近的笔记本电脑犯罪统计。

表 3-2　笔记本电脑的安全对策

① 隐私屏幕过滤器[7]	这种过滤器只允许从正面观看而阻止从侧面观看
② 笔记本电脑跟踪和恢复[8]	这种服务由相关的嵌入式软件提供
③ 蓝牙感应锁[9]	如果蓝牙设备离笔记本电脑超过了预定义的距离，这种数据安全方法会锁定笔记本
④ RFID 感应报警[10]	如果距离超过预定值，一对 RFID 设备将发出报警声
⑤ 文件加密[11]	加密敏感文件，最好是所有的文件
⑥ 密码强度测试[12]	使用强密码以保障笔记本电脑安全。可用测试网站来测试其强度
⑦ 实时备份[13]	周期性地、不间断地存储笔记本电脑中的文件

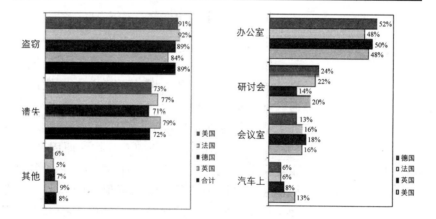

图 3-2　最近的笔记本电脑犯罪统计（www.click-safe.com）

3.6　网络空间中的风险　Risk in Cyberspace

对于产生于网络空间的风险，个人计算机是第一道防线。因此，需要维持严格的保护措施来有效地保护数字资源。以下规则可以作为针对恶意软件的最低限度的防备：

规则 1：更新软件（Updated Software）。软件开发人员提供不断更新的软件版本，更新的软件包含针对恶意软件的保护措施。这适用于操作系统以及应用程序，可能会产生额外的费用，但安装最新版的软件会带来长远利益。

规则 2：减少内容（Minimize Content）。即让存放在计算机中的敏感内容最少，将敏感文件放到网络服务器中，并进行加密。

规则 3：管理员账户（Admin Account）。作为唯一用户，不需要同时成为管理员。在管理员模式下，无人看管的电脑是完全不受保护的。"有特权的管理员账户应该只用于安装更新或软件，当需要时重新配置主机。"[14]

规则 4：合规性（Compliance）。即遵守法律或规则。对联邦机构而言，《美国联邦信息安全管理法案》是一个在数据保护方面必须遵守的最低限度的规定[15]。

3.7 网络空间的风险保险

Risk Insurance in Cyberspace

如同现实世界中的风险,网络空间中的风险同样可以被转移给购买风险的保险公司。自 1995 年以来，当互联网作为电子市场平台被接受后，如何避免由网络空间中的不良事件（如信息盗窃、破坏和拒绝服务）造成的潜在损失也引起了关注。

如果企业网站由于任何不受控的原因不能工作了,投资电子商务的企业可能因此遭受损失。一个网站可由许多原因造成瘫痪，而且非自愿的业务中断一直是传统的可保险的问题。企业往往宁愿买风险保险而不愿意实施昂贵的保护对策。由于技术或安全问题，瘫痪不断增加的可能性使得网络保险成为网络企业规避风险的一种选择[16]。

网络风险保险的特别之处在于没有行之有效的方法来量化风险,以便进行随后的量化赔偿，最后计算相应的保险费。也就是说，网络保险市场没有数据记录，并且"当审查组织承保请求时，保险公司需要更强的评估能力"。[17]然而，许多保险公司提供的保险政策在 9 美元范围内。

保险公司正在努力确定有限的可以被量化的参数,用来起到网络风险评估系数的作用。通常情况下，网络风险方程包括以下参数：

（1）适当的安全措施。对有特殊数据安全解决方案的用户给予折扣。

（2）数据安全系统管理人员的资质。

（3）数据的货币价值或有风险的潜在利润。

（4）逆向选择的可能性。

（5）道德风险等级。

逆向选择（Adverse Selection）是一个保险术语，指的是存在隐匿的只有被保险人知晓的不利的先决条件，这些都是没有透露给保险公司的先决条件。为了对付这种风险，保险公司希望保险单具有一段不生效的最初时期或大幅度免赔额。

道德风险（Moral Hazard）也是一个保险术语，指的是被保险人对于风险的不重视。为了应对这一风险，保险公司要求条约含有免赔额，这将激励被保险人采取必要的预防措施。

保险公司试图通过各种相关的内部评估文件来描绘申请公司的轮廓，从而评估所涉及的风险。表 3-3 列出了一些可能需要的文件[18]。毫无疑问，这个文件清单可以很清晰地显示公司的漏洞状况，它还指出企业安全需要的自我评价的文件。

表 3-3　网络保险申请可能需要的附件

（1）符合 ISO 17799 标准的证据[19]
（2）首席信息安全官的简历
（3）反病毒保护计划
（4）防火墙基础配置
（5）事件检测和响应计划
（6）软件更新计划
（7）业务恢复计划
（8）公司的隐私政策
（9）公司的合规政策
（10）企业数据的安全政策
（11）企业安全手册
（12）企业雇员数据存取网
（13）安全和隐私认证
（14）对公司的不满
（15）对过去安全漏洞的报告
（16）与个人数据处理合作伙伴的协议

另一方面，与网络有关的公司按照以下步骤达到其可接受的风险水平：

步骤 1：原始风险（RR）的评估。这是组织没有对策的风险。

步骤 2：保护风险（PR）的评估，PR= RR × CM。这是已被内部应用对策（CM）减少的新风险。

步骤 3：网络保险政策和承保计划的评估。

步骤 4：选择合适的网络保险（CI）、政策和计划。

步骤 5：可接受的风险（AR），AR=CI × PR。这是选定网络保险政策和计划后组织遇到的风险。

网络风险保险通常是一个全面的企业政策，覆盖面广，包括在表 3-4 中列出的各项。

表 3-4　全面的企业保险政策(典型项目)

（1）业务中断
（2）专业责任
（3）雇员行为的法律责任
（4）董事及高级职员责任
（5）关键人物的人寿保险
（6）工作场所的暴力事件
（7）知识产权
（8）自然灾害

3.8　练习　Exercises

（1）考虑一个网上书店，把它看成一个系统，列出 6 种可能的漏洞并描述解决这些风险的方法。

（2）假设你在网上下了一个订单，列出你认为你已经暴露自己信息的风险。考虑以下 4 种支付方式：a. PayPal；b. 信用卡；c. 借记卡；d. 电汇电子转账，通常被称为电汇。

（3）假设你是一个使用思科组件搭建的有 100 台计算机的网络的管理者。你即将扩大网络，添加另外 100 台计算机。为降低成本，你可能使用其他组件。试确定存在的风险以及解决这些风险的方法。

（4）从公司所在地以外访问公司内部 Wi-Fi 网络。描述任何涉及的风险和可能消除这些风险的（如果存在）方法。

（5）访问国家漏洞数据库，查看 50 个最新的漏洞。对任何你可能已经观察到的模式、趋势或其他特点进行评论。

（6）假设你是一位银行的 IT 经理，正在考虑银行的网上账户访问政策——用户名和密码。起草政策并证明你的规则。基本的密码参数是字符的长短、寿命和复杂性。此外，指定响应错误事件的措施。

（7）进行关于软件度量的研究，专注于它们与硬件度量的不同点，并用 500 字的报告总结你的发现。

（8）研究防止 SQL 注入攻击的对策，并用 500 字的报告总结你的发现。

（9）研究全磁盘加密，包含硬件支持选项，并用 500 字的报告总结你的发现。

（10）深度防御适用于你所熟悉的企业环境中的数据安全，试对其进行研究，并用 500 字的报告总结你的发现。

（11）研究 RFID 感应警报，并用 500 字的报告总结你的发现。

（12）研究网络风险保险现状，并用 500 字的报告总结你的发现，包括案例。

（13）访问一家上市公司的网站，并尝试收集尽可能多的在表 3-2 中列出的文件。

Cyberspace
and
Cybersecurity

第 4 章

安全的信息系统

Secure Information Systems

任何业务都离不开网络

Every business is a cyber business.

4.1　引言　Introduction

　　实际上，互联网正在主导信息系统，信息系统最好的安全状态就是互联网本身的安全状态。信息系统可以通过脱离互联网来提高其安全性，但这样做可能会丧失性能。因此，虽然众多安全措施可以被应用到个人信息系统，但它的总体安全性依赖于网络安全。网络空间的物理层面——互联网，是各种网络的集合，这些网络虽然单独并忠实地传递着数据包，但并不承担任何可以识别个体或一个分布式威胁的责任和功能。因此，"企业处在无全球一体化安全体系结构的风险中"[1]。

　　目前有许多关于制定有效网络防御方法的研究，但它们大多是处理个人防御信息系统。"在过去 10 年里，美国政府机构的投资已经增加……（但是）大规模的足以保护重要基础设施的安全技术部署（仍然）是缺乏的。"[2]然而，DETER[3]联盟建立了一个网络物理模型，在这个模型中，可以开发和测试网络防御技术。最终，现在常驻在每一个网络节点的所有网络通信量将被纳入到智能系统中，这个智能系统可以识别和阻止网络攻击[4]。

　　信息系统的安全需要两个方面的防御策略：一个是外部世界的接口，另一个是独立保护每一个系统资源。接口基本上是互联网，通过它来请求信息，这反过来可能以有价值的数据回应黑客或接受黑客的请求，把请求当成管理员的命令。分辨真实请求和欺骗性请求的能力构成了成功的网络安全。其他方面包括对内部资产的保护 —— 数据和流程。ISO/IEC 17799:2005 "为如何实现、维护并改进一个组织的信息安全管理建立了指导方针和一般性原则[5]。"

安全的信息系统的基本特征是系统的完整性、可用性和保密性。这些特性必须适用于该系统的每一个组件。在为网络安全或为一个全面的企业信息安全计划开发一种策略之前，当务之急是在一个安全的数据库中保护、识别和清点资产。

4.2　资产鉴定　Assets Identification

一个组织的信息资产是由名称、位置、所有者、保护者和参数确定的，资产档案必须按照确定的公司政策进行管理。

1. 名称（Name）

企业的信息资产需要有一个电子名称,这个名称直接或通过代码定义它的内容和企业内部的组织归属。例如，在保险公司中，政策文件的名称可能是 auto/2008/miami/12345/johnson/001.pdf。通过这种方式，分类文件可以自我解释并被非技术人员辨识。当然，应尽量避免使用非字母数字字符或空格。

2. 位置（Location）

这是存储介质的物理位置。企业计算机需要明确标识所有存储地点。组织的众多计算机的所有硬盘驱动器基于指定模式进行标识。最简单的方法是简单地给每个计算机分配一个号码，并在内部重新命名驱动器。例如，如果一个企业的计算机编号为 1234，其驱动器将被更名为"1234C:"或"1234D:"等等。只有 IT 安全人员有这种命名的权限。因此，用户将无法更改存储设备的名称。当资产留在云端时，会产生各种问题。云，是一个外部的动态寻址和空间分配的计算服务设施，数据或服务器的物理位置是很难确定的，存储的数据和计算资源只有通过逻辑寻址才能确定。

3. 所有者（Owner）

所有者可能有两重含义：一个是负责控制特定资产的部门或个人，例如，所有者可能是特别账户部门或部门副总管；另一个可能是有创建/读取/修改/删除该资产的权利的人。

4. 保护者（Protector）

保护者同样有两重含义：一个是企业保护者，也就是负责特定资产安全的部门或个人，例如，指定的保护者可能是 IT 安全部门或特别账户安全协调员；另一个是负责特定资产安全的人。

5. 参数（Parameters）

参数是可操作并与安全有关的。运行参数定义名义上的使用，而安全参数定义确保资产保密性、完整性和可访问性的措施。重要的是，这些措施必须反映资产安全受到威胁时的风险水平和危害程度。

6. 档案管理（File Management）

对于给定的存储空间，有各种各样的整理文件的方法。下面的规则可能有助于建立一个组织的有序数据库。

> 创建一个文件，决定是否要加密文件，然后分配安全级别。对于较低级别， 般的密码可能就行了；对于高安全级别，一个独特的密码可能被分配给每个文件。跟踪指定密码及其位置并进行共享可能会是一个问题。

> 通过自动备份机制创建一个备份，关注备份设备的安全并访问它。

> 使用分层目录命名方案。根据组织具体的活动，名字首级通常是年份或项目。因此，它会是多项目年份（multi-project years）或多年份项目（multi-year projects）。

> 取决于一开始的选择，往下可能是子项目或月份。

> 在目录的最底层，单个文件可能被归类在各自的子目录中。

> 所有文件都有一个生命周期。在某个时间点，文件重要性的状态可能从"活跃"变成"被删除"或"被存档"。

> 删除的文件应该被"电子切碎"。电子切碎是一个对文件重复覆写，将内容删除得面目全非的过程。有各种各样的方法来完成这一目的[6, 7]，本章末尾的附录 4-A 列出了最常见的切碎算法。在某些情况下，电子切碎将无法满足安全政策，此时物理媒介将通过物理粉碎被销毁成 5 mm×5 mm 或更小的碎片。[8, 9]

4.3　资产通信　Assets Communication

当漏洞使信息产生风险时，数字信息的访问或传输将会暂停。然而，如果实施适当的预防措施，可以减少这种风险。这些预防措施包括加密、防火墙、数字证书、数字签名和登录控制。

1. 加密（Encryption）

"加密旨在确保信息的保密性、完整性和不可抵赖性。"[10]密码学已被应用了数千年，但利用强大的计算机已使解密变得不像以前那么困难。有许多著名的加密算法，破解它们需要过长的时间。附录 4-B 列出了最常见的文件加密算法。大多数文件处理应用包括容易使用但难以破解的加密选项，只读和读-改保护可以用不同的密码。加密算法分为对称和非对称两种。对称加密算法使用相同的密钥来加密和解密文件。这种做法使文件认证非常困难，因为两边都可以创建一个加密文件。非对称加密算法有两个密钥，一个用于文件加密，另一个用于文件解密。在这种情况下，加密文件的源发端使用所谓的私钥，各种不同的接收端持有公钥。一个用 X 端的私钥加密的文件只能由相同 X 端的公钥进行解密。这样的话，真实性以及保密性可以得到保证。图 4-1 说明了文件加密的原则。

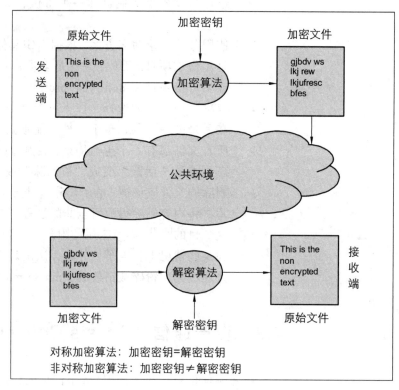

图 4-1　文件加密

2. 防火墙（Firewalls）

防火墙已经成为数据安全的支柱。其形式可能是软件或安装在专用硬件上的软件。防火墙作为附加到系统通信处理器的把关者，检查预先设定的对外通信的安全标准。尽管防火墙也可以被用来检查输出，但检查的通信量通常是输入量。在传入流量受控制的情况下，防火墙分析同数据包来源请求相关联的传入数据包的参数。同时，取决于受保护的资源，防火墙基于具体的许可标准来允许流量进出。图 4-2 说明了一个防火墙的选项，即安装在个人计算机上的网络防火墙和私人防火墙。

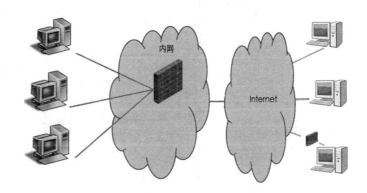

图 4-2　网络防火墙和私人防火墙

3. 数字证书（Digital Certificates）

数字证书也被称为公开密钥证书或身份证明书。数字证书对于网络空间的意义就相当于信用卡对于商业的意义。对于信用卡，第三方（也就是信用卡发行公司）为信用卡的价值进行担保。在此基础上，商家为用户提供产品或服务。同样，当我们的浏览器检索网页时，数字证书通过与已授予该网站信誉的证书管理局沟通来确认此网页的有效性。有数字证书的浏览器可访问只响应授权浏览器的服务器。图 4-3 说明了数字证书的原理。

图 4-3　数字证书的原理

4. 数字签名（Digital Signatures）

数字签名伴随着加密文件和未加密的文件。数字签名通过某种函数产生一个独特的密钥来生成的。也就是说，该文件是通过一个数学的，通常是二进制的算法产生一个数值序列。实际上，该字符串对于该算法中的文件是独一无二的。序列的长度从 32 位到 512 位不定。该序列负责核实所附文件的真实性。图 4-4 说明了数字签名的原理。

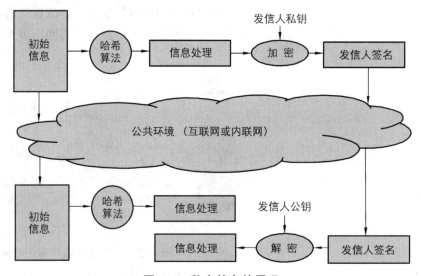

图 4-4　数字签名的原理

5. 登录控制（Log-in Controls）

访问资源，在一般情况下，特别是访问信息资产，需要的是有形的、可证实的、可审计的控制。在后一种情况下，用户名和密码是最常见的访问控制方法。关于用户名和密码的选择有许多看法，但目标都是在简单性和有效性中取得平衡。在这章的后面，将会讨论密码的参数。

4.4　资产储存　Assets Storage

数字世界的一切都是文件，这些文件可能包含文字、表格、图像、视频和音乐等等。新的文件类型需要特殊的应用程序来打开它们。然而，其安全性的要求保持不变。必要时，未授权用户是无法接触文件内容的。

对于内部应用,一个组织有可能发展其自身的安全机制、算法和代码;但安全地与其合作伙伴通信,一般必须采用公认的安全机制。防止未经授权的文件访问的基本原则是加密。也就是说,通过一定的方法,未经授权的用户无法访问文件。基本上,有信息隐匿和加密这两个方法。

在信息隐匿中,文件将被隐藏以保证安全。也就是说,文件被放置在假定没有人能想到的目录中,或文件有起误导作用的名称或扩展名。文件也可以被隐藏在其他文件中。例如,一个文本文件里面可能隐藏着声音文件,一个图像可能被隐藏在另一个图像中。图 4-5 说明了信息隐匿的原理,即一个文件被隐匿在另一个更大的文件中。

信息隐匿的算法有许多种。在图像包含小文本文件的情况下,像素的最低有效位共同存储了文本。当然,这会造成图像的色彩分辨率降低,但这是无法用肉眼察觉的。信息隐匿通过模糊来保证安全是对数据安全的基本原则 —— 通过加密来保证安全 —— 的违背;换句话说,可以通过可逆改变来保证文件的安全。加密通过数学算法来确保安全。数学算法将文件的位和字节弄乱,使得只有一个对应的算法可以将文件恢复到原来的形式。

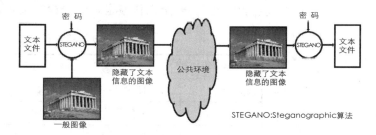

图 4-5　信息隐匿的原理:图像中隐藏文本文件

4.5　资源访问控制设施
Resource Access Control Facility

资源访问控制设施(RACF)是许可和管理访问控制参数的软件。在前台,该设施发布用户名和密码;而在后台,该设施记录及详细检查每一个与访问有关的活动。该设施受指定的企业信息安全人员的全面控制,并担任初始用户名和密码的发行人,允许新用户第一次登录系统。关于密码选择,有各种各样的规则和原则。毫无疑问,对倾向于使用容易记住并可快速登录的密码的用户而言，密码造成了不便。一个密码的复杂性是直接与危害造成的不利影响相关联的。

在前台，因与用户进行交互，设施强制使用由指定的企业信息安全人员所制定的密码规则。表 4-1 列出了密码选择的指导方针。取决于要保护的资源，指导方针可能会有所不同。

基于密码分析机的能力，对特殊字符和空格既不鼓励也不反对。选择一个新密码的过程可能包括密码强度评价，新密码必须达到一定的强度等级。网上的密码强度计可以用来指示一个给定密码的强度[11, 12]。新密码的选择完全由用户决定，推荐使用数字和字母的随机混合。"组织应该定期检查自己的密码策略，特别是当主要技术发生变化时（如新操作系统），这种变化可能会影响密码的管理。"[13]

后台对用户是透明的，除了允许或拒绝访问，设施记录每个用户名的行为，并维护时间戳和访问资源的日志。对记录的统计分析能够揭示进行破坏的企图。和企业入侵检测系统合作的实时监测可以提高实时警报能力。具有广泛外部通信和要保护的宝贵数据的大型网络的企业需要有安全操作室。在安全操作室，企业信息系统的所有活动受到监测和控制。安全操作室也是入侵检测报告被评估的地方。

表 4-1　典型的密码选择指导方针

参数	范围
长度	6～11 个字符的字母、数字或其他符号/标点符号
有效性	3～6 个月的有效期。初始密码只可使用一次
重用性	5～10 密码周期，密码必须通过后方可重新使用
锁定	2～3 次不成功尝试后锁定用户名
内容	无数字或单词

4.6　保护电子邮件通信
Securing the Email Communications

组织的电子邮件系统是企业安全的一个组成部分，可能包含以下安全规则：

4.6.1　电子邮件服务器端　Email Server Side

➢ 将所有行政控制放在防火墙后面。

➢ 安装严格的管理员认证机制，最好采用一次性密码方案。提前生成一次性密码被称为"预取"，可以打印它们或通过电子邮件、聊天室或短信进行发送。当你访问移动通信网络受限，或外出旅游时，有一次性密码是很好的。[14]

➢ 操作没有敏感文件的邮件服务器软件。

➢ 维持恶意软件检测软件的更新并测试所有传入和传出文件。

➢ 维持垃圾邮件服务器名单的更新，并标记指定收件人的垃圾邮件。

➢ 除了附件测试邮件内容本身，激活码也可能包含恶意软件。

➢ 保持一个单词列表，如果发现有单词在电子邮件的文本内，向收件人或管理员进行提醒。

➢ 保持与所有常用的电子邮件客户端和网页邮件浏览器的兼容性。

➢ 为 SSL/TLS 加密提供支持。传输层安全性（TLS）协议与安全套接字层（SSL）协议均是为互联网通信提供安全的加密协议。

4.6.2　电子邮件客户端　Email Client Side

➢ 不应该在被用来作为服务器或包含机密信息的硬件（个人计算机或工作站）上安装电子邮件客户端。

➢ 更新操作系统和电子邮件客户端的版本。

➢ 必须更新硬件，自我更新实时监控文件的反恶意软件。

➢ 电子邮件软件应该在用户模式下运行，与管理员模式相反，尽量减少网络空间的其他管理特权。

➢ 电子邮件软件应根据组织的政策配置安全功能。政策必须防止：
  - 自动预览邮件；
  - 自动开启消息；
  - 邮件中图片的自动载入；
  - 活动内容的自动下载；
  - 活动内容的自动处理；
  - 用户名和密码的存储；
  - 闲置 X 分钟后客户保持活动。

- ➢ 避免阅读确认和回执,因为它们是可执行的并可能会链接到恶意软件。
- ➢ 来源可疑或未知来源的电子邮件不应该被打开,而应被删除。
- ➢ 垃圾邮件在退订选项中可能包含恶意软件。
- ➢ 电子邮件最好被视为纯文本。先进的格式,例如 HTML 和 RTF,可能会允许恶意软件隐藏在脚本中。
- ➢ 保密信息应最好作为加密的附加文件发送,而不是在电子邮件的正文中进行发送。

4.7 信息安全管理
Information Security Management

信息安全的三大基础是保密性、完整性和数据的可用性。为使这些属性保持在一定水准,需要使用资源,因此高层管理人员的支持是一个先决条件。

管理的三大要素是控制、流程和结构。表 4-2 列出了包含在宽泛的信息安全管理概念里的基本问题。图 4-6 强调了管理的三大要素。

表 4-2　信息安全管理

控　制	进　程	结　构
数据安全策略	合　规	安全人员
政策文件	立法	招聘
风险评估	版权	标准
责任	隐私	持续的培训
资源	审计	责任
		行为准则
数据分类	数据加密	物理网络
鉴定	技术	数据路由
分类	水平	虚拟专用网络
库存/存储	标准	防火墙
创建/更改	维护	云端
数据存取	系统完整性	事件管理
认证	验证	政策
密码	升级	响应
自动审核	故障	文档
线索	容错性	回复
移动计算	补丁	数据备份

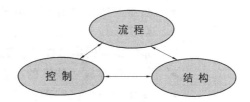

图 4-6 信息安全管理的三大要素：控制、流程和结构

1. 控制（Controls）

控制是对数据安全、分类和访问的组织政策。安全的代价是昂贵的，因此，安全级别必须与组织要保护的数据资产的价值相符。在这种情况下，考虑安全因素，对数据进行分类，以最适当及符合成本效益的方式进行安全资源的分配。用户认证将始终是首要的由按需访问和技术效率指导的安全措施。

2. 流程（Processes）

管理即流程的建立。在这种情况下，三个基本流程是合规、加密和数据的完整性。有许多要求遵守数据安全和数据保密的法律，而有些则需要为未来可能出现的审计进行数据归档。数据加密是数据安全的基础，而有效性和兼容性确定加密的级别、技术和标准。此外，通过更新软件、核实、容错确保安全数据是正确的。

3. 结构（Structure）

不管自动化发展到何种程度，人类的作用仍是不可替代的。安全结构由该组织的首席信息安全官负责。首席信息安全官的任务是执行组织的数据安全政策。这个任务要求不断增强技能以有效和具有成本效益的方式来捍卫组织数据的专家小组。信息系统的逻辑结构也需要考虑到安全性这一因素，可通过防火墙和 VPN 来实施。在前面章节中描述的云计算，由于其对外包服务的依赖性，毫无疑问为信息系统的设计者带来新的挑战。

随着时间的推移，日益增多的商机需要有前所未有的复杂度的信息系统，有挑战性的系统间的接口和严格互操作性的要求。它已成为一个永久的、无法停止的竞赛。技术不断升级，新的商业机会将梦想变为现实。虽然实施起来并不简单，但它依靠很难完全控制的互相依赖的多系统合作。

在这种多变的状态下，从业务和技术两方面来看，失败的可能性很大，其主要原因是：

> 技术升级面临着有经验和有专业知识的专业人员的缺乏。

> 众多接口和通信标准与技术互操作性的矛盾。

> 系统组装的虚拟技术、隐匿复杂性和其他不可预知行为的矛盾。

> 抑制现有成功技术的投资回报和成熟的新趋势。

> 变化的速度比管理更新的速度要快。

> 恶意软件的出现总是要比反恶意软件提前 3～6 个月。

面临上述挑战,保持一个信息系统的安全是一项艰巨但并非不可能完成的任务，这个任务需要有远见的开发者和用户的全面参与。正如文献[15]中所说："组织的生存能力取决于人的能力，（我们应）共同努力构建运营效益的行动和技术。"

4.8　练习　Exercises

（1）研究 DETER（网络防御技术实验调查实验室测试平台，http://www.isi.edu/deter/）及其取得的成就，并就其目前的状态写一份 500 字的报告。

（2）创建一个数据库结构来保存某学院学生的成绩单。该学院有 6 个系，每个系各有 5 门学位课程。选择目录、子目录和文件名来便于文件识别。

（3）访问密码强度测试网站，并确定下列密码的强度：

123456　654321　qwertyui　iuytrewq

?> <MNBV　VBNM <>?　2wdcgy8　8ygcsw2

（4）本章指出"电子邮件服务器软件应独立于硬件"。请说明如果不遵守这个建议，可能发生什么不好的事。

（5）有人认为容错技术可以加强数据的完整性。请解释为什么并提供一个例子。

（6）一次性密码技术正在越来越多地用于 ATM 机中。请列举其另外 3 个应用，并说明各自的使用情况及所带来的好处。

（7）研究云计算，写一份 300 字的报告，把重点放到论证上。

（8）对信息隐匿工具进行研究，并尝试将文本文件隐藏到图片中。观察原始图像和隐藏了文件的图像之间可能存在的差异。

（9）开发自己的文字加密算法，并演示其应用。

（10）对下列电子邮件客户端进行比较：Eudora、Outlook、Express、Opera、Mozilla。

附录 4-A　文件粉碎算法

算　法	方　法
1 通 0 或 1 通随机	当使用 1 通 0 或 1 通随机算法时，通行证的数量是固定的，不能被改变。当写头穿过一个扇区时，它只写 0 或一系列随机字符
用户自定义	用户决定写头通过各扇区的次数和被写入的模式
美国国防部的 5220.22-M	写头通过各扇区 3 次。第一次写 0x00，第二次写 0xFF，第三次写随机字符，最后一次通行通过读取来验证随机字符
美国国防部 5220.22-M（欧洲经委会）	写头通过各扇区 7 次。第一次写 0x00，第二次写 0xFF，第三次写随机字符，第四次写 0x96，然后重复前三次通行，还有最后一次通行通过读取来验证随机字符
德国的 VSITR	写头通过各扇区 7 次，依次写下列字符：0x00，0xFF，0x00，0xFF，0x00，0xFF，0xAA
俄罗斯的 GOST p5073995	写头通过各扇区 2 次，第一次写 0x00，第二次写随机字符
加拿大的 OPS-II	写头通过各扇区 7 次，依次写下列字符：0x00，0xFF，0x00，0xFF，0x00，0xFF，随机字符
HMG 的 IS5 Baseline	写头通过每个扇区 1 次，写 0x00
HMG 的 IS5 Enhanced	写头通过各扇区 3 次，先写 0x00，然后写 0xFF，最后写随机字符
美陆军的 AR380-19	写头通过各扇区 3 次，先写随机字符，然后写 0x00，最后写 0xFF
美国空军的 5020	写头通过各扇区 3 次，先写 0xFF，然后写 0x00，最后写随机字符
Navso 的 P-5329-26 RL	写头通过各扇区 3 次，首先写入 0x01，然后写 0x27FFFFFF，最后写随机字符
Navso 的 P-5329-26MFM	写头通过各扇区 3 次，首先写入 0x01，然后写 0x7FFFFFFF，最后写随机字符
NCSC-TG-025	写头通过各扇区 3 次，首先写入 0x00，然后写 0xFF，最后写随机字符
Bruce Schneier	写头通过各扇区 7 次，依次写下列字符：0xFF，0x00，5 个随机字符
Gutmann	写头通过各扇区 35 次，有关其细节，最安全的数据结算标准，你可以阅读原文，链接是 http://www.diskwipe.org

附录 4-B　文件加密算法

算法	方法
RSA	1977 年，在公钥系统的想法被提出后不久，三个数学家，罗恩·维斯特、阿迪·沙米尔和莱恩·阿德勒曼用具体的例子介绍了如何实现这种方法。为了纪念他们，该方法被称为 RSA。该系统使用一个私钥和一个公钥，选择两个被选中的大素数，然后相乘，$N = P \times Q$
DES/3DES	数据加密标准（DES）由美国政府于 1977 年批准开发，作为正式的标准，不仅形成了对自动出纳机（ATM）PIN 验证的基础，也是一个被用在 UNIX 密码加密的变体。DES 是一种有 64 位块大小，使用 56 位密钥的分组密码。由于近年来计算机技术的进步，一些专家不再考虑所有攻击的 DES 安全，自那以后，三重 DES（3DES）已成为一个更强大的方法。使用标准的 DES 加密，三重 DES 三次加密数据并在三次传递中的至少一次使用不同的密钥，它的一个累计密钥大小是 112~168 位
BLOWFISH	Blowfish 是一个像 DES 或者 IDEA 的对称块密码。它需要一个可变长度的密钥，从 32 到 448 位，使得其在内外部使用都可以。1993 年，布鲁斯·施奈尔设计了 BLOWFISH，作为一种快速、免费的替代现有加密算法的算法。自那以后，BLOWFISH 已被大量分析，并正在作为强大的加密算法被广泛接受
IDEA	国际数据加密算法（IDEA）是一个由学嘉博士（Dr. X. Lai）和梅西教授(Prof. J. Massey)于 20 世纪 90 年代初在瑞士研究开发的算法，以取代 DES 标准。它使用相同的密钥进行加密和解密，如 8 个字节一次。与 DES 不同的是，它使用 128 位密钥。密钥长度使得想简单尝试每一个密钥成为不可能，众所周知的是并没有其他攻击手段了。这是一个快速算法并已在硬件芯片上实现，这甚至使算法变得更快。
SEAL	Rogaway 和 Coppersmith 在 1993 年设计了优化软件加密算法（SEAL）。这是一个流密码，即要加密的数据是连续加密。流密码的速度远比块密码（BLOWFISH, IDEA, DES）快，但它有一个较长的初始阶段，在此期间，大集的表通过使用安全散列算法完成。SEAL 采用 160 位密钥加密，因此被认为是非常安全的
RC4	RC4 与 RSA 由 Ron Rivest 共同发明。它被用在许多商业系统中，如 Lotus Notes 和 Netscape。这是一个密钥大小为 2048 位（256 字节）的密码，在过去一年左右的测试中，似乎是一个相对快速和强大的密码。它创建了一个流随机字节，并与文本进行"异或"操作。在可为每个消息选择一个新密钥的情况下，这种方法很有用
http://www.mycrypto.net/encryption/crypto_algorithms.html	

Cyberspace
and
Cybersecurity

第 5 章

网络安全和首席信息官

Cybersecurity and the CIO

网络空间是任何安全概念的一个组成部分，

让它成为企业或国家的一部分

Cybersecurity is an integral part of any security concept,

let it be corporate or national.

5.1 引言 Introduction

随着时间的推移，企业中最重要的人的职位也发生了变化。现在，最关键的人是首席信息官。首席技术官和首席信息官或在同一级别，或高或低，或就是由一人同时担任。实际上，我们认为首席信息官是集三个职位的职责于一身的。首席信息官被期望成为该组织中有远见的，并能为如何利用技术来实现组织目标提供意见的人。首席信息官负责企业内部信息的各个方面。首席信息官这一岗位需要有相当良好的品格、教育经历和工作经验的人。组织中首席信息官所扮演的角色可以被描述如下[1]：

> - 高级行政/管理/策划团队的成员；
> - 技术和其他信息资源的经理；
> - 负责 IT 规划；
> - 负责新系统的开发；
> - 负责政策制定和实施。

网络空间是一个有着无数漏洞的迷宫。漏洞的发现通常以至少造成第一个受害者受害为代价。首席信息官的作用是知道所有的保护机制，并有能力为需要的地方制定更好的机制。如果首席信息官们有着广泛的经验和专业知识，并且理解首席信息官是一个需要终身学习的岗位，那么当他们开始工作时，他们将会很容易地进入角色。

5.2 首席信息官：品格 CIO: Personality

让我们来看看究竟什么样的条件和职业道路造就了首席信息官。图

5.1 显示了一名成功的首席信息官需要的个人品质和专业资质。

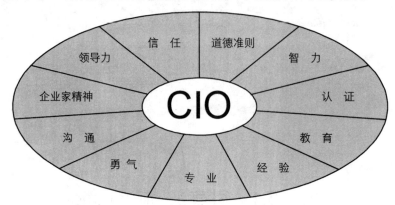

图 5-1　首席信息官的个人品质和专业资质

5.2.1　责任与道德准则　Trust & Ethics

现代企业中最受信任的职位之一便是首席信息官。首席信息官是组织的信息守护神。首席信息官本人必须很自信并让其他人感受到自己的自信和成功。有责任感是一种个人品质，经常会无意识地表现出来，这种品质会使一个人在任何环境中都受到欢迎。尊重自己、他人、组织和社会是信任的基石。一个人只有通过之前大大小小的成功，才会获得自信并感染他人。

绝对没有任何替代物可以代替始终如一的职业道德。首席信息官的职业道路中将会有长期的压力或不道德的诱惑。然而，首席信息官必须抵御住这些诱惑，不要冒险，并要抑制住那些妄想走上成功捷径而违背道德的贪念。

5.2.2　沟通与智力　Communication & Intelligence

首席信息官必须是该组织的优秀沟通者。首席信息官需要说服别人来获取资源。当没有资源时，首席信息官可能需要购买新技术的资本，或可能需要所有同事的忠诚和信任。说服对于上级是需要，对于下级则是动力和灵感。在现代组织中，没有什么是必须通过铁腕来完成的。首席信息官必须洞悉企业内所有人的想法，牢记对非技术人员来说很无聊的技术语言。在组织外，首席信息官需要加入相关的协会，出席论坛，参与研讨会，从而开阔眼界和获取最重要的技能。

我们不能忽略了首席信息官的天性。智能是将通过观察学到的知识转换为智慧的算法。而智慧加上经验通常会导致合理的判断。俗话说得好：聪明的人在自己的错误中学习，而睿智的人则在别人的错误中学习。

5.2.3　领导力和企业家精神　Leadership & Entrepreneurship

有些人声称领导者是天生的，但另外一些人认为领导者是可以通过后天培养出来的。作为一名领导者，首席信息官的能力必须出类拔萃。这种优势被解读为个人素质和技术上的优秀。作为一名领导者，首席信息官必须足够了解企业，但这样只能被视为指导者而不是全能的人。

首席信息官必须很谦虚、知识渊博且经验丰富。组织中的每个人都希望有像首席信息官这样的朋友。首席信息官是优秀的守护者，被授予与肩上承担的责任相匹配的权利。首席信息官和企业高管们必须认识到首席信息官是提供问题解决思路的战略家。此外，首席信息官不应该纠缠于低层次的技术问题。但是，首席信息官必须有丰富的经验，以便提供解决问题的方法和思路。

首席信息官一直在寻找机会提高组织的商业稳健性，并愿意为此冒非灾难性的风险。首席信息官必须是一个有远见的"可挑战传统智慧的人"[2]，有着能够赋权给他人和管理他人的监管风格。

5.2.4　勇气和限制　Courage & Limitations

具有上述条件的首席信息官必须能够预见所提想法的可行性，并且必须有必要的勇气 —— 来自职业安全感和高层管理人员的支持，能够自由客观地表达自己的意见。同样，首席信息官应拥有停止在错误方向上前进的勇气。由于不可预知的技术进步，好的想法未必如想象的好，因为新的解决方案会不断出现。除了认识到上述所有技术限制，首席信息官更应认识到自己性格和技术上的局限性。

成为一名成功的首席信息官的过程就像是往上爬楼梯，同一时间只能完成一个步骤。一旦成为首席信息官，万不可视之如儿戏。成为一名首席信息官是接受一项使命，而不是愉快的升职。首席信息官是企业中不可分割的和关键的一部分。首席信息官必须热衷于技术。全球范围内数以百万计的工程师们正在开发新的技术或恶意软件，对此首席信息官绝不能说"我不知道"。首席信息官只能说："目前，我不知道，但在 48 小时内，我将会学习并对此有自己的看法。"

5.3　首席信息官：教育　CIO: Education

5.3.1　大学学位 University Degrees

首席信息官必须有信息系统方面的大专以上学历。该学历必须包含相应的知识要求和相应的课程。相应的课程必须包括二进制数、逻辑门和深入研究网络的总结性课程。首席信息官被期望拥有技术研究生学位。现在，许多大学提供信息系统的 MBA 学位，为未来的首席信息官职位储备人才。表 5-1 列出了这样的学位包含的典型课程。

表 5-1　信息系统的 MBA 学位包含的典型课程

管理和商业	技术
信息技术项目管理	系统集成
商业流程创新	数据库管理系统
供应链管理	企业架构
安全和信息隐私	知识管理
信息服务的管理	软件工程
信息系统策略	系统开发
全球系统来源	移动应用开发
国际信息技术问题	无线网络
软件需求管理	人机接口
软件质量管理	商业计算机取证
商业电信和网络	事故响应系统
信息系统的法律框架	网络安全

5.3.2　认证　Certifications

除了大专以上学历，首席信息官必须有证明其技术水平的证书。根据首席信息官在信息系统这一领域的不同职业道路，预计将会有为这个职位设置的相关专业认证。表 5-2 列出了业界领先组织所提供的信息系统认证的部分名单。虽然大学学位意味着在这一领域具有广泛的知识，但认证证书确认了其在特定技术领域中的专业技能水平。

表 5-2　信息系统证书

组织	证书
国际信息系统安全认证联盟（ISC）²	信息系统安全架构专业人员（ISSAP） 信息系统安全工程专业人员（ISSEP） 信息系统安全管理专业人员（ISSMP） 认证信息系统安全专业人员（CISSP） 认证安全软件周期专业人员（CSSLP） 认证授权人员（CAP） 系统安全认证专业人员（SSCP） http://www.isc2.org/default.aspx
思科 (CISCO)	思科联网技术人员入门级认证-安全（CCENT） 思科认证网络工程师-安全（CCNA） 思科认证资深网络工程师-安全（CCNP） 思科认证安全工程师-安全（CCSP） 思科认证互联网专家-安全（CCIE） http://www.cisco.com/web/learning/le3/learning_career_certifications_and_learning_paths_home.html
信息系统审计与控制协会(ISACA)	认证信息安全（CISM） 风险和信息系统控制认证（CRISC） 企业 IT 管理认证（CGEIT） 认证信息系统审计师（CISA） http://www.isaca.org
UMUC 证书	首席信息官 美国国土安全管理 国土安全和信息安全保障 信息安全保障 http://www.umuc.edu/programs/grad/certificates/
纽约大学	信息系统安全认证 http://www.scps.nyu.edu/areas-of-study/information-technology professional-certificates/information-systems-security.html
全球信息保障体系认证(GIAC)	认证事件处理师（GCIH） 渗透测试师（GPEN） 认证的 Windows 安全管理员（GCWN） 评估和审计无线（GAWN） 信息安全基础（GISF） 认证法医分析员（GCFA） 认证法医稽查（GCFE） 信息安全专家（GISP） 认证入侵分析师（GCIA） 认证防火墙分析师（GCFW） 网络应用程序渗透测（GWAPT） 认证 UNIX 安全管理员（GCUX） 认证企业防御（GCED） 逆向工程恶意软件（GREM） 管理安全领导（GSLC） http://www.giac.org/

5.4　首席信息官：经验　CIO: Experience

首席信息官们必须历经磨炼才能达到这个位置。教育本身并不能做到这一点。也就是说，首席信息官的候选人必须在 IT 部门积极工作数年：也许，作为一名设计工程师或一名程序员开始自己的职业生涯，然后成为一名分析师，几年后成为一名初级主管，等等。在职位升迁的过程中，首席信息官的候选人需要通过学习相关课程、参加研讨会来提高自己，并能够获得一些证书。

有了大约 10 到 15 年的经验，并从所获得的信息技术领域证书获得自信，首席信息官的候选人开始大胆步入试水阶段。剩余的部分就是在遇到的机遇中施展自己各方面的能力。

取决于组织的大小，平均下来，如果工作经验和教育经历适合自身往这一方向发展，从大学生到首席信息官需要花大约 12 年的时间。虽然有职业生涯规划，但首席信息官的候选人必须记住的是，"招聘者寻找的是已经成功的人，而不是有潜力成功的人[4]"。

5.5　首席信息官：责任　CIO: Responsibilities

随着时间的推移，信息技术已发展为任何组织中不可或缺的一部分，并且对核心人物 —— 首席信息官的需求是显而易见的。1996 年通过的一部美国联邦法律[5]，甚至要求政府各部门都需要有首席信息官。表 5-3 列出了首席信息官的部分职责并在图 5-2 中进行了强调。将这些职责按重要性进行排序是很困难的，所以这里将其按英文单词首字母顺序排列。

表 5-3　首席信息官的职责（1996 年克林格-科恩法案）[5]

收购	基于管理的表现和结果
架构	政策
业务连续性	工艺改进
资本规划及投资	项目管理
客户关系	风险管理
创新	安全
领导管理	战略规划
操作	技术评估

很明显，首席信息官的职责覆盖了整个组织的信息系统。实际上，

首席信息官相当于一个组织的"国防部长"。不包括在该法案内的其他职责是：

> 数据备份和归档；
> 安全文化；
> 网络安全培训；
> 应急预案；
> 责任。

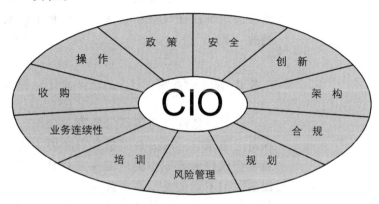

图 5-2　首席信息官的专业职责

5.5.1　数据备份和归档　Data Backup and Archiving

首席信息官必须通过实施数据管理员制定的计划来完成实时数据的备份。随着云备份的出现，云备份成为一种可行的数据备份方式，而对确切物理位置数据的模糊处理需要额外的安全考量。

5.5.2　安全文化　Culture of Security

有能力的首席信息官需要承担创造企业安全文化的责任，这种安全文化将潜移默化地指导每个人的行为。安全文化的基本要素是：一方面认识到存在的威胁和其对组织潜在的危害，另一方面遵守安全规则。

创造一个企业的安全文化是不容易的，因为它造成了诸多不便。然而通过培训，人们会意识到，为了避免可能导致灾难性后果的安全事故，采取安全措施是非常值得的。虽然首席信息官直接领导的工作人员可能很少，但实际上他的领导范围应包括组织的每个成员。

5.5.3　网络安全培训　Cyber Training

因为技术在不断发展，因此必须不间断地培训组织的 IT 人员。首席信息官需要对 IT 部门的每个成员的职业生涯有所了解并且开展有助于实现各自职业生涯规划的培训。培训可能是内部培训或外部培训，面对面培训或在线培训。认证必须是组织培训以及培训理念中不可分割的一部分。

5.5.4　应急预案　Contingency Plans

首席信息官应与各部门负责人合作，尽可能多地为不利不测事件准备应急预案。因为首席信息官经历了组织中的各种业务操作，所以通常会误以为该职位仍然需要进行具体的业务操作。这其实是非常错误的。但不幸的是，许多首席信息官会迷失在技术的细节之中。首席信息官是一个战略性的职位并且必须要摆脱具体的业务操作。要完成这一目标，首席信息官必须"克隆"自己[6]。也就是说，与大副而不是船长操作行驶的船相似，首席信息官需要有一个副手来处理所有 IT 方面的事情。这样首席信息官将能够全神贯注于自己的战略运用——紧随科技进步，保护 IT 需求的资源，并确保 IT 部门有足够的士气和信任度。

5.5.5　责任　Liability

首席信息官承担责任保险的情况并不少见，特别是当他们作为独立顾问工作的时候。有许多公司提供的保险额度往往达到 500 万美元[7]。

5.6　首席信息官：信息安全
CIO: Information Security

信息安全的组件有许多，表 5.4 列出了其中最重要的一部分。

表 5-4　信息安全的组成部分

内部	外部
访问控制（电子）	访问控制
访问控制（物理）	合规
网络意识和培训	法律框架
业务连续性	电信
操作安全	加密
网络安全	防火墙
安全政策	恶意软件
互联网使用政策	数字签名
入侵检测系统	数字证书

5.6.1　内部信息安全组件

Internal Information Security Components

1. 访问控制（电子）(Access Control-Electronic)

这里，我们有三个问题：谁？是什么？怎么样？有时会补充一个问题：什么时候？现在的数据库系统允许细化到对电子表格单元格的访问控制。达到这种安全级别的编程安全可能是冗长乏味的，但这些是可选的技术，应该权衡受保护数据的重要性。数据访问也可以进行锁时，即在工作时间内或者特别启用后才能进行数据访问。

目前，生物识别技术仍然不是主流的访问控制机制，用户名和密码仍然是盛行的访问控制机制。双重认证可以消除密码漏洞。这种技术是，一旦用户输入用户名，服务器会通过一个相对安全的媒介，如电子邮件或手机短信，发送一次性密码给用户。

除了上面提到的，认证的第二个因素可以是下面几个选项的一种：一个生物参数，如指纹或语音样品；或是一个设备，如无线或 USB，通过计算机向服务器发送一个公认的识别代码[8]。

2. 访问控制（物理）(Access Control-PhysIcal)

企业中，访问权限经常会被授予特定领域的设施。在这种情况下，密码锁或刷卡设备允许授权访问。在前一种情况下，其缺点是可能发生丢失或密码的损坏，而对于后者，其缺点是可能发生卡的遗失。一种实用的解决方案是用手机控制锁，只有被授权的电话号码可以解锁并进行访问。这种技术还记录了互动时间，并保存了所有企图进行的未授权访问[9]。

5.6.2　网络政策　Cyber Policies

首席信息官的主要职责之一是起草该组织的信息安全政策。这项政策详细规定了在组织内和组织间传播信息的规则。

5.6.3　网络意识和培训　Cyber Awareness and Training

网络意识是"保护您的个人信息"和"保持您的计算机安全"的意识[10]。首席信息官应通过内部通信，如偶尔的电子邮件、时事通信和研讨会，宣传网络安全意识的重要性，强调网络安全是一个组织集体的任务和使命。

1. 网络安全意识

➤ 始终安装可靠的和能自我更新的防病毒软件。
➤ 始终使用最新版本的软件，包括操作系统。
➤ 尽快安装补丁。
➤ 在 Wi-Fi 环境下，禁用服务设置标识符（SSID）并应用 WAP/WEP 加密。在可能的情况下，编写允许访问计算机 MAC 地址的程序（见第 4 章）。
➤ 在社交网络中，理解所有的安全性和保密性措施，并用它们进行最大限度的保护。不要发布敏感信息和收费照片。
➤ 当发送敏感信息时要进行加密，并通过双方同意的方式，如短信、电子邮件、电话发送密码给收件人。
➤ 检查浏览器的 Cookies 选项，并根据你上网的需求选择一个适合的选项。对浏览器进行编程以使其在接受 Cookie 之前进行提示。
➤ 对浏览器进行编程，实现在闲置 X 分钟后自动关闭浏览器，删除网络临时文件。如果合适的话，应删除历史记录和 Cookies。

2. 培训

可以找到免费的网络培训课程[11]。这类课程可能包括以下部分[12]：

> 网络安全简介：包括个人计算机和手机的安全设置、浏览器保护设置、文件加密和密码选择。
> 恶意攻击：包括病毒及其感染计算机和移动设备的方式，以及通过适当设置与使用反病毒软件进行的保护。
> 高端攻击：包括分布式拒绝服务攻击及其应对策略。
> 网络犯罪：包括各种各样的网络空间犯罪和识别这些犯罪的方法。
> 网络礼节：包括在互联网上互动的社会礼仪和专业礼仪，涉及聊天、社交网络和电子邮件。

5.6.4 业务连续性 Business Continuity

业务连续性计划由首席信息官负责准备好，且被组织的高级管理人员知晓和批准。该计划包含了"预防，减损，准备，响应，紧急情况的恢复（组织正常活动的恢复）"[13]。各种公布的标准规定了详细的信息安全标准[14, 15]。要想成功地处理打断组织正常运作的紧急情况，首席信息官至少需要执行以下两个任务：

1. 业务中断原因及影响分析

该分析用于评估可能发生的不利情况的后果，研究这种不利情况将迫使该组织中断预期的产品或服务交付。在信息系统中，不利情况可能会与组织内的业务或组织间的合作有关。例如：

> 前台：网站服务器关闭，无足够容量处理合法访问，原因可能是拒绝服务攻击、恶意软件攻击、自然灾害或工作人员的问题。
> 后台：数据库存储或计算崩溃，与上面类似，原因可能是容量不足、非恶意错误、恶意软件攻击、自然灾害或工作人员的问题。
> 供给失败：即组织基于某种产品或服务进行增值服务，供应商无法提供产品。例如，一个在线教育提供商遇到有问题的在线平台。
> 违规违法：业务暂停直至遵守相应的法律法规。在重新运营前，某些数据的损失可能需要政府通知。

首席信息官需要分析上述（和其他的）可能造成业务不连续性的问题，并开发业务恢复计划。

2. 业务复苏计划

该计划由首席信息官办公室设计，被该组织的高级管理人员采用，准备在紧急情况发生时应用。通过名字或职位，该计划确定了领导业务复苏的人选、该人的权责，以及直到组织脱离紧急状态时应遵守的命令。

5.7 首席信息官：角色的转变
CIO: The Changing Role

随着技术成为每个组织的关键因素，首席信息官的角色也在发生变化："从技术管家到企业领导者……在这个新技术支持的转型世界里……首席信息官发挥着越来越重要的作用"[16]。首席信息官的使命不再是监督数据处理部门的日常运作，而是帮助组织的领导者使用信息技术扩大生产和提高所提供服务的价值。

组织成功的真正指标是为给予其可用资源的利益相关者创造利益。如今，几乎每一个组织都在最大限度地利用信息创造利益。其目的是使提供给用户的产品或服务质量更高，更顺应市场需求，尤其是使其更容易进入目标市场。

首席信息官是一个革命者,有着希望组织进行技术革新以达到新高度的愿景。新高度可能是关于效率、关于提供的服务或关于利润的。在这个过程中，首席信息官会发现技术是其忠实盟友，而组织文化和官僚主义则是其永恒的对手。为了更好地服务于组织，首席信息官必须具有必要的资源，并被授予知情权和参与权，从而能接触到组织存在的问题和隐患，以便提供技术方面的建议。

5.8 练习 Exercises

（1）对首席信息官的职位空缺情况进行调查，建立一个雇主对于首席信息官的入职要求表。

（2）对首席信息官的证书进行调查,列出首席信息官需要拥有的证书。

（3）对首席信息官承担的保险进行研究。

（4）回顾和研究《克林格卡亨法案》，并准备 6 张幻灯片展示该法案的目标。

（5）回顾和研究《联邦信息安全管理法案（FISMA）》，并准备 6 张幻灯片展示该法案的目标。

（6）为一家录影带出租店设计商业灾难恢复计划。

（7）对含有"网络安全"这一关键词的研究生课程进行研究，写一份 300 字的不包含任何表的报告，讨论各自的课程并阐述你对"课程质量和数量是否已足够"的看法。

（8）考察一个网上书店，描述该书店前台和后台的活动。

（9）调查对首席信息官这一职位的各种描述，阐明你认为做一名首席信息官需要的 20 个品质和能力。

（10）研究《萨班斯-奥克斯利法案》，准备 6 张幻灯片展示首席信息官的履约义务。

（11）对 IT 培训进行调查，并确定 4 个可能使在岗首席信息官受益的培训项目。

Cyberspace and Cybersecurity

第 6 章

建立一个安全的组织

Building a Secure Organization

虽然网络空间带来了新的机遇

但它不应该损害对个人权利的尊重

Though the cyberspace creates new possibilities,
respect for personal rights should never be compromised.

——*Emilienne Sybile Bayiha*

6.1　引言　Introduction

　　有两个重要事实在今天比其他任何时候都令人感到害怕：一个是组织完全依赖数据，另一个是数据是在传输或储存过程中都非常不安全。考虑到这两个事实，我们需要将"安全的组织"这一概念分解。分解后得到的部分可以共同为保密性、完整性和可用性提供必要的基础设施。这些基础设施对于成功进行组织内和组织间的业务操作是必要的。

　　一个组织的安全开始于记录在组织安全手册中的信息安全政策。每一个成员都需要熟悉这些安全政策。没有任何一个个体可以保证一个组织的信息系统安全，只能由集体共同保障一个可接受的安全水平。这样的组件已被列在各种各样的文件中。ISO17799 明确地列出并解释了这些组件。表 6-1 列出了这些与安全相关的组件。

表 6-1　ISO17799 中与安全相关的组件[1]

1. 业务连续性计划	6. 工作人员
2. 系统访问控制	7. 安全与合作组织
3. 系统升发和维护	8. 计算机和网络管理
4. 物理层和环境	9. 资产分类与控制
5. 规则遵守	10. 安全政策

6.2 业务连续性计划
Business Continuity Planning

任何企业的首要目标都是使所有被授权的人能够对其服务或产品进行不间断的访问和使用，然而，"没有组织能够完全避免业务中断"。[2]业务连续性计划是一个在业务中断后为全面恢复而明确说明要采取的必要步骤的文件。

业务连续性计划可在结构上分为两个独立的计划，即业务恢复计划和灾难恢复计划，其中，前者用于处理轻微中断，而后者则用于处理重大突发事件。有些事件的起因可能会导致保护计划失败，例如：

> 自然原因 —— 比如地震、洪水，直接或间接导致正常运作中断；

> 组织成员的过失行为；

> 没有考虑到一些事件的安全进程所带来的失效；

> 无法防御对信息系统的物理或网络攻击。

图 6-1 也显示了这些可能的起因。

自然原因可能会直接打击组织或间接打击给组织提供重要资源的供应商。例如，自然原因可能导致一个或多个公用事业的缺失，如电力、电话、水、互联网、天然气、交通运输、劳动等。[3-6]

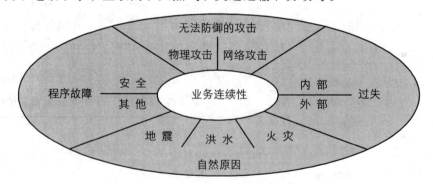

图 6-1 可能导致业务中断的原因

由于缺乏足够的培训或尽职的态度，被委托保管机密资料的人丢失或损坏数据的情况是很常见的。虽然这种情况一再发生，但可以通过自动数据备份和删除关键数据需要至少两人审批的政策进行预防。

图 6-2 说明了自动文件备份渠道，即 USB、内网（Intranet）和互联网（Internet）。

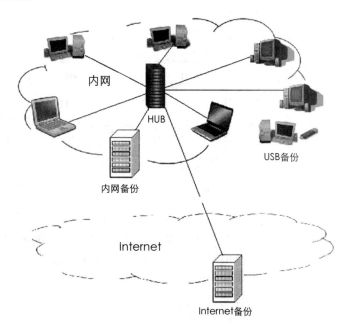

图 6-2　自动文件备份：USB、内网（Intranet）和互联网（Internet）

信息系统安全以及广义上的安全总是会遗漏一些东西。有危害的技术随着一般技术的进步也在进步。如同恶意软件出现几个月后发布的补丁，安全计划需要进行连续不断的更新。[7]因为防护成本太高，企业可能不会对某些攻击加以预防。拒绝服务攻击就属于这一类攻击。

业务连续性计划必须为每个已知的、潜在的、可能造成运行中断的原因准备后备补救方案。业务连续性计划的发展包括以下步骤：

➢　业务影响分析；

➢　业务恢复策略；

➢　业务连续性计划的草案；

➢　业务连续性计划的测试；

➢　业务连续性计划实施的训练；

➢　业务连续性计划的性能指标。

1．业务影响分析

在初始阶段，基于在企业任务中的重要程度，企业的所有进程被审查评估并被分类。业务影响分析表明了已查明的有因果关系的漏洞。潜在风险被列在业务影响分析报告中。这份报告起到了起草业务连续性计划基础的作用。

业务影响分析最后以一个三维（X，Y，Z）图表结束。这个三维图表说明了受影响的服务（X）、漏洞（Y）和潜在损失的程度（Z）。这个图表清楚地表明了企业对于潜在损失应优先考虑的事。

在业务影响分析的基础上，在起草紧急事件发生后要采取的步骤之前，必须考虑安全方面的改进，这将减少确定的漏洞并增强信息系统的安全。这项研究完成后，信息安全团队可以进行业务连续计划的下一步，即制订业务恢复策略。

2. 业务恢复策略

该策略开始于焦点的识别 —— 实施必要步骤来恢复被破坏的团队。组织中的所有人将会知道，有确定领队的团队将勇敢面对业务连续性的挑战，不畏艰难。随着通信成为最重要的资源，尤其是在特殊情况下，该小组将不得不建立通信机制，使得信息能够以一种可靠、有效的方式进行传播。

与负责的经理进行合作的团队将确定并按优先次序对需要得到保护且随时可用的组织资产排序。对于这样的资产，所需的资源会被决定并且其可用性能得到保证。可以保护资源的可用性，比如通过复制数据或程序进行保护。对资源依赖的小组可进行业务恢复计划手册的实际起草工作。

3. 业务连续性计划——起草

有了已知的急需资源，便可以开始制订计划以恢复由于某种原因而无法访问的东西。如果是数据，复制的数据库应在一个不同的物理或虚拟的位置（服务器、设备或云端）。在这些位置同样可以访问数据。

当然，复制数据意味着将会频繁地进行备份。数据所有者和首席信息官必须确定对于数据存储的复制关系。复制可能在预定的时间间隔内，也可能是实时的。此外，有可能有多个复制站点。

同样，通过自动替换无法使用的服务器对流程的可用性进行保护。这意味着在延长拒绝服务攻击的情况下，将通过不同的 IP 地址与即时更新的域名解析系统（DNS）提供服务。域名解析系统（DNS）负责将域名地址转换成 IP 地址。

4. 业务连续性计划 —— 测试

一旦该计划被起草、审查和批准，它必须通过一系列的模拟紧急情况进行测试，获取测试结果并改善计划。在探究复杂业务连续性失败的可能性之前，必须执行对基本漏洞的测试，如业务建设的供水服务中断，或电源中断，或电话服务中断，或无法上网，或某原因造成的运输中断。

当世界各地的客户上网访问该组织时，他们认为他们理所当然地能够进行访问。我们的生活变得如此相互依赖，以至于如果某一个失败了，将会发生多米诺骨牌效应。当我们开车看到交通灯是绿色时，我们踩油门并预期一个明确的前行道路。如果一个司机在亮红灯时不停车，许多人的生命就会受到这个违规行为的影响。

因此，在解决一长串可能发生的不良事件的业务连续性计划中，必须有具体的分步说明来保持业务的连续性。最重要的是，每一个恢复解决方案必须得到测试并确认其有效性，而且是定期的。首席信息安全官必须对"定期"这一概念进行量化。

5. 业务连续性计划 —— 培训

众所周知，游泳不能单单通过看书就学会。如果一个只会写游泳教程的作者跳进深水，这将会是他的第一次也是最后一次游泳。同样的道理，如果没有训练，恢复将会重蹈覆辙。因此，在应急状态下，如果能不断进行考虑新威胁的重复训练，可以期待正确、适当的组织应对机制。

6. 业务连续性计划——绩效指标

业务恢复计划需要通过选定的指标不断进行评估，这些指标将令人满意地评估在真正的灾难发生时，该计划是否有效。四个最有代表性的指标是：

➢ 向管理层汇报；
➢ 参与工程；
➢ 测试计划；
➢ 增强计划。

通过定期向管理层汇报，可强调准备状态，寻求适当资源。高级管理人员需要充分意识到风险的存在，因为风险可能会导致业务中断，或商业灾难。在这些报告中，业务连续性计划委员会将列出随时间发展的风险、该组织的潜在损失、恢复成本和恢复后对组织的影响。

因为每一个业务基本上都是以技术为基础的业务,所以关键技术人员的参与在业务连续性计划委员会中是必需的,他们将展示不断进行调整的恢复策略。策略是风险和技术的产物。

计划的测试可以提供必要的保证:失去业务连续性将会有灾难性的影响。通过演练,计划的弹性 —— 恢复的能力 —— 将被确定并且备份服务的成效将得到证实。任何计划的关键都是供应商的参与性 —— 有主要客户的支持。

考虑到技术革新的快速性,尤其是在信息系统方面,加强计划是众望所归。那些负责人一方面需要协调技术进步,另一方面要保持与风险一致。

6.3 系统访问控制 System Access Control

在系统访问控制中,有两个基本目标: 一个是防止未经授权的访问,另一个是使资源仅供授权用户使用。其他目标包括:对未经授权的用户的侵入预防,检测并保护对错误真实条目的访问。系统访问控制是由三个组件组成:凭据、阅读器和处理器。在每个阶段必须采取安全措施以便保持一个系统的安全。

(1)凭据:凭据通常是一个用户名和密码,其中密码可实时交付并仅能被使用一次。一次性密码技术现在已成为一个可满足大多数应用程序凭据功能要求的解决方案。

(2)阅读器:如果是硬件,阅读器必须始终保留授予或否认的记录,访问存储在数据库中的时间戳记。通过相应软件审查数据来搜索违规行为。如果阅读器是软件,用户击键的生物特征可能会被记录并作为增值验证参数传递给处理器。

(3)处理器:在访问控制过程中,处理器是最关键的部件。依据几个参数,人工智能被用于创建用户配置文件,比如一天的时间、入口的地方。如果有多个参数,可能是生物识别技术[8]。

手机也正在成为访问控制过程一个不可分割的部分,因为用户已越来越离不开手机。物理接入技术广泛使用移动电话作为访问请求,其中访问控制过程有一个常驻的处理器,由一个电话号码和授权用户的移动电话号码数据库确定。对于这些授权用户，一旦请求就准许访问。

访问准许软件会记录请求的时间/日期戳记，从而保持对访问活动——请求、批准或拒绝的准确记录。访问控制过程中手机的使用在一定程度上保证了访问请求者的身份验证。图 6-3 说明了手机在访问控制上的使用。传播媒介可能是移动电话[9]、蓝牙技术或红外连接。在访问控制中，最小特权原则应适用。这意味着用户拥有最低访问权限，刚好可以履行被赋予的责任。

图 6-3　移动电话控制的笔记本电脑

随着时间的推移，基础设施的安全性已变得相当可靠，应用程序的安全性则需要加强。最近的统计表明，四分之三的安全漏洞发生在应用程序中。应用条目通常由用户名、密码和可能的隐私问题进行保障。除了上面提到的一次性密码，额外的参数可以被用来验证用户，比如用户的 IP 地址、MAC 地址或 IMEI 代码。

6.4　系统开发和维护
System Development and Maintenance

网络安全事实上不能成为一个信息系统。它不是为系统设置防护栏，而是在信息系统发展过程中加入防护措施。发展过程伴随着系统目标到技术规格，技术规格到技术，技术到设计，设计到产品，产品到维护计划的规划。

图 6-4 说明了系统生命周期的主要阶段和问题。

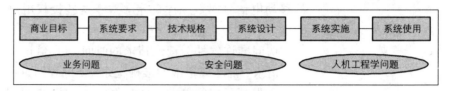

图 6-4　系统生命周期的主要阶段和问题

　　系统目标之外的一切都只是转换 —— 没有原创，没有命令，只有实施。因此，系统目标必须明确包括设想的此产品或服务的安全功能以及随后的转换。在目前的技术许可下，只用最好的方式来落实这些目标。

　　在所有情况下，所设想的功能包括软件保护、数据保护、免受损失保护，或对未经授权的访问实施预防，以及对信息的真实性、完整性和保密性的维护。在系统开发时，需求是利益相关者单独声称的各自感兴趣的功能，而利益相关者的共同需求能最大限度地增强保密性、完整性和系统可用性的安全机制。

　　在需求分析阶段，安全措施将在整个过程中保护数据 —— 从数据录入、处理、存储到传输至它们的下一个目的地。在分析和设计的后期，防卫技术将被选择使用，例如数字签名、数字证书、加密之类的技术，将保证关键特性，如非抵赖性，认证和信息的完整性。

　　在开发结束时，系统使用开始所需要的维护。在安全背景下，维护意味着对系统连续性漏洞的研究，特别是对相对新的威胁的研究，意味着尽快为它们安装软件的安全补丁，开展同样重要的培训和应急演练。

6.5　物理和环境安全
Physical and Environmental Security

　　物理安全主要涉及人的安全，这必须是首席信息安全官首要关注的。首席信息安全官首先要定义其管理范围，之后应用相应的手段来保证必要的安全。安全水平与威胁水平和受保护资产的价值相称是非常重要的。

　　从物理和环境的意义上说，威胁可以大致被分为两种：一是试图进入禁区的未经授权的人，二是有害的环境条件。通过维护记录中所有出入境活动的访问日志可以解决第一种威胁。"游客"应戴上适当的"徽章"，这种"徽章"表明需要护送和拥有携带移动电话的许可授权。摄像机可以在关键区域全天候地进行监控。值得再次强调的是，安全措施要与受保护数据的价值相匹配。

第二种威胁可能包括火、烟、烟雾、化学品、水、不可接受的环境温度或湿度，或公用设施的损害。也就是说，环境条件会严重影响人类、设备或数据。通过适当的技术，比如电压传感器、灭火系统、可靠的气候控制系统、不间断电源的电压调节器都可以解决这些威胁。如果有可能的话，可使电力公司从两个不同的电源变电站进行提供。

对于上述威胁，首席信息安全官每年应制定至少一次的检查测试计划。事实上，组织可能有一个"安全周"，在这期间所有计划都被测试，而每一位员工都在一定程度上进行了参与。

6.6 合规 Compliance

合规即履行一套标准。新的质量控制标准不断在每一个部门被建立。这些标准给予组织操作或属于某个特殊群体的权利。这类标准的数量增加，一方面，组织被认为是合规的，另一方面，也使组织有了负担，这种负担也被传递到监察领导的合规部门。合规官的任务是使某些法律、技术，甚至是社会组织的要求得到满足，这是组织的义务或承诺坚持的。表6-2和表6-3列出了一些最常见的必须遵守的有关信息安全或保护的要求。

表6-2　美国基本的合规法规

名　字	适用于美国公司的监管部门
萨班斯-奥克斯利法案 http://www.soxlaw.com/	证券交易委员会
健康保险流通与责任法案 http://www.hhs.gov/ocr/privacy/hipaa/understanding/summary/privacysummary.pdf	食品及药物管理局
联邦金融机构检查委员会IT考试手册 http://www.ffiec.gov	联邦存款保险公司
联邦信息安全管理法 http://csrc.nist.gov/drivers/documents/FISMA-final.pdf	适用于联邦机构

表 6-3　数据保护条款的其他规定

规　定	颁发规定的组织
FEMA 141 企业和行业的灾难恢复规划 http://www.fema.gov/pdf/business/guide/bizindst.pdf	联邦应急管理局
NFPA 232 实物保护和储存文件 https:/myhome.utpa.edu/files/content/allpublic/users/ users-p/paula-public/reference/statutes/nfpa232.doc	国家消防协会
ISO 15489 信息和文献记录管理 http://www2.tavanir.org.ir/tech-doc/Mosavab/other/iso_ 15489-1.pdf	国际标准组织
关于知识产权的国际协定 http://tcc.export.gov/Trade_Agreements/Intellectual_ Property_Rights/index.asp	双边协定

　　美国联邦政府颁布的联邦信息安全管理法（FISMA），是一部要求政府机构制作标准化的符合该法准则的年度报告的法律。其他的指导方针指的是人身保护和文件存储。这已由国家消防协会签署并发布。是否符合这个标准是计算消防保险费时参考的一个因素。

　　在信息安全领域，国际标准组织（ISO）已制定了各种各样提供重要指导方针的标准。一个非常重要的标准是关于信息安全管理的 ISO 27002，它对首席信息官有指导作用。

　　合规官还监督政策的实施，特别是当它们应用于隐私、知识产权保护、雇员权利、骚扰以及人与人之间的关系时。

　　例如，在部分州，有标准要求：如果公司丢失了所保管的客户个人资料，公司应通知相关客户。然而，在一些情况下，如果丢失的数据是以加密的形式保存的，通知是不需要的。最后一点，合规官负责审查软件收购记录并确保组织中的所有软件是得到合规许可的。

6.7 人员相关的安全问题
Personnel Related Security Issues

一个安全的组织的基本特征是存在两种类型的安全措施：保护工作人员免受故障设备影响的措施，以及保护组织免受可能造成危害的人为行为影响的措施。虽然人身安全需要大家的关心，但对此的责任必须归于一个特定的人身上——安全官员。此人必须留心设备出错、诈骗、盗窃以及违反公司安全政策手册规定的活动。表6-4提供了一部分预计将包括在手册中的内容。

表 6-4　企业安全政策手册目录

保护组织	保护人员
招聘程序 安全评估和背景调查	健康、安全和稳当的工作场所的标准
终止程序 安全问题 发布企业财产	急救设施和医疗撤离程序的可用性
企业资产的利用	应急程序和培训
财产和文件传输流程	解除责任的流程

6.8 安全组织 Security Organization

信息安全人员的组织应该由有着信息安全专业知识的高级管理执行人员领导，组织是由有经验且训练有素的专业人员所组成的团队。应当"为信息安全功能界定角色和责任"，并在该组织的企业安全政策手册中进行明确说明[10]。有关于外部各方——客户、合作伙伴、监管机构信息交流的内容应作为一个单独部分被涵盖。外包一直是有关安全的关键性关系。

6.9 计算机和网络管理
Computer and Network Management

计算机，特别是联网的计算机，构成了任何信息系统最根本的基础设施。训练有素的专业人员应保障计算机在任何时候的完美性能和互操作性。表 6-5 中列出了他们的责任。这些内容也在 ISO17799 中进行了明确说明[11]。

表 6-5　信息技术部的责任

> ➢ 确保信息处理设备被正确、安全地操作；
> ➢ 最大限度地减少系统故障的风险；
> ➢ 保护软件和信息的完整性；
> ➢ 保持信息处理和沟通的完整性和可用性；
> ➢ 确保网络信息的维护以及配套基础设施的保护；
> ➢ 防止损坏资产和中断业务活动；
> ➢ 防止组织间信息交换的丢失、修改或误用。

6.10 资产分类和控制
Asset Classification and Control

从广义上来讲，组织中的一切都是资产。它们可能是有形的，如软件、硬件和工作人员，也可能是无形的，如关系、信誉和专业知识。然而，资产一般指的是前者。不同的资产按照它们对于组织的重要性被分为不同的类别。与此相对应的是保护资产的安全水平。资产控制意味着必须保持每项资产的生命周期记录。生命周期在决定收购时开始，其次是它们按照既定程序被收购、正确使用和维护，最后是退出或重新使用。

组织设定维系有形和软件资产的库存数据库及相关政策。然而也需要注意无形资产，因为无形资产会有效保证业务的连续性。

6.11　安全政策　Security Policy

一个组织的安全政策被记录在可向所有成员提供的手册中。表 6-5 列出了安全政策的主要特点，这可能会作为这些文件起草或维护的准则。表 6-6 列出了最常见的在安全政策中被解决的问题。

表 6-6　安全政策的特点

（1）它的目标是确保业务的连续性。
（2）它是随威胁和漏洞变化的动态文件。
（3）按照定义，它是不完善的。
（4）它是以企业自身的语言、文化和语气写成的。
（5）它追求实用性，而不是理论性。
（6）它预计是要失败的，然后需要进行加强。
（7）它以分层的方式提出政策。

表 6-7　常见的安全政策问题

（1）计算机可接受使用。
（2）密码发布和更新。
（3）邮件的使用、加密和附件。
（4）网上冲浪和社交网络。
（5）移动设备计算、通信和存储。
（6）远程存取授权与认证。
（7）互联网网关。
（8）无线 BT、Wi-Fi 和 WiMAX 技术。
（9）服务器上的数据和多媒体。
（10）事故应急预案及响应小组。

6.12　练习　Exercises

（1）业务连续性计划同样适用于个人。请为以下四种情况设计连续性计划。

你到了工作的地方后注意到：

    a. 你的手机不能正常工作；

    b. 你把手机留在家里了；

  c. 你的手机已被偷了；

  d. 有人盗走你的手机并冒充你。

（2）请为以下情况设计连续性计划。

家中的个人计算机：

  a. 一个病毒已损坏所有文件；

  b. 由于机械故障硬盘坏了；

  c. 一个入侵者访问了你的文件。

（3）为你家中的个人计算机设计访问控制计划。虽然你的计算机本身是安全的，但实际上通过你正在使用的大量应用程序，它正暴露在整个网络空间中。阐述你的密码和加密经验以及对电子邮件的处理。

（4）打开你的计算机，按对你的重要性水平将所有程序分为四个类别。这些程序中有多少可以在线下载然后被重新安装？有多少已被备份在另一台计算机或存储设备中？从这个练习中，你学到了什么？

（5）打开你的计算机，按对你的重要性水平将所有文件分为四个类别。这些文件中有多少已有密码保护？有多少已被备份在另一台计算机或存储设备中？从这个练习中，你学到了什么？

（6）调查市场并做一个可用文件备份软件的比较研究。考虑所有可能的文件备份方式，即 USB、内联网、互联网和无线。

（7）请为一个有十台计算机的律师事务所网络设计业务恢复计划。

（8）为银行设计企业数据安全策略。该策略也应包括文件传真。

Cyberspace and Cybersecurity

第 7 章

网络空间入侵

Cyberspace Intrusions

网络安全是被嵌入到一个信息系统

及其发展过程中的措施

Cybersecurity is measures that are embedded into an information system during its development process.

7.1　引言　Introduction

在信息系统中，入侵是一种对既定数据访问规则的破坏，可能涉及读取或修改受保护的数据。信息系统由专门的被设计用来检测并阻止入侵的流量分析系统进行保护。这样的系统，由硬件和（或）软件构成，被称为入侵检测和预防系统。根据特定的程序，系统可能是没有防范能力的入侵检测系统，也可能是入侵检测和预防系统（有时仍被称为入侵检测系统，但具有检测和预防两种功能）。入侵检测和预防系统负责落实由安全管理员制定的适用于保护访问点或接入点的规则。基于这些规则，入侵检测和预防系统通过、阻挡、延误或转移数据流量。被选择的行为不能依靠人来操作，因此需要具有人工智能的专家系统来决定所需的行动。入侵检测和预防系统大致可分为四种类型，即：

> ➢　基于网络的；
> ➢　基于主机的；
> ➢　网络行为分析系统；
> ➢　基于无线的。

对入侵检测和预防系统的要求是组织的安全政策对于入侵的相应回应。表 7-1 列出了对入侵检测和预防系统的基本要求。

表 7-1 对入侵检测和预防系统[1]的基本要求

1. 安全服务
监测
  设备
  功能
能力
  检测
  预防
  报告
2. 容量
  计算
  存储
	3. 操作注意事项
	可扩展性
	可靠性
	互通性
	重构
	文档
	技术支持
	训练
	4. 成本效益
	初始投资成本
	维护成本

这些要求的实现基于现有的技术，被用于预期需求，用成本效益作为参数。入侵检测和预防系统有各种各样的工具，这些工具可以提供事件监测和保证信息系统的安全性。入侵者的头号目标是信息系统的保护机制。最初，通过各种各样的攻击，入侵者试图确定入侵检测和预防系统的优点和弱点，努力找出存在的漏洞并通过它进入系统，访问或损坏目标资源。这些资源可能是密码清单、包含敏感内容的文件或访问机制。

7.2 入侵检测和预防系统的配置
IDPS Configuration

一般来说，任何系统都是由三个主要部分组成的：

（1）传感器。传感器负责从环境中收集并部分处理数据。

（2）处理器。处理器负责做出决定，得到数据评估和相关性结果。

（3）执行器。由处理器驱动的执行器会对环境造成影响。

同样，在入侵检测和预防系统中，有传感器、处理软件和受影响的部件或功能。图 7-1 显示了一个由入侵检测和预防系统监测的信息系统。表 7-2 列出了入侵检测和预防系统中主要组件的功能。

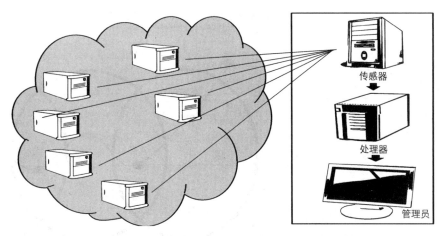

图 7-1　由入侵检测和预防系统监测的信息系统

表 7-2　入侵检测和预防系统的主要组成部分

数据来源	数据处理	控制目标
传感器 代理人程序	管理服务器 评估算法 参数数据库	管理控制台 访问授权

7.2.1　传感器　Sensors

在入侵检测系统中，传感器是重要的组成部分，其功能是识别出潜在的有害事件的发生。信息系统内传感器的位置是至关重要的。因此，在确定传感器位置之前，需要慎重决定信息系统的拓扑结构。这些地点是系统功能或区域的入口。典型的例子是企业的对外接口，无论是通过局域网（LAN）、无线局域网（WLAN）或通过调制解调器远程访问互联网。随着组织被划分为不同的部门，传感器也可能被放置在各部门和资源入口监控访问的地方。

外联网接口也很重要。这些接口是合作伙伴访问并可能被授权后修改企业数据库中关键数据的入口。已经有这种案例：入侵者从网络 A 进入企业网络 B 并通过 A-B 的外联网，当在 B 时通过 B-C 的外联网访问入侵者没有被授权访问的企业网络 C。这显然表明组织 B 对于其外部的合作伙伴负有责任。图 7-2 显示了这种可能发生的入侵。

不应低估企业内部网络的漏洞，而且传感器必须被放置在跨部门的交叉点上。因此，在传感器被放置前，企业网络的拓扑结构和关键资源的位置必须是明确的。同样重要的是，传感器要被正确编程以"寻找"数据。

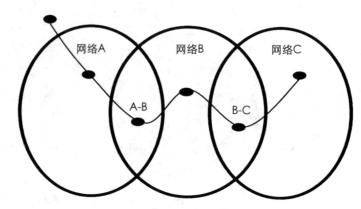

图 7-2　从网络 A 通过网络 B 入侵网络 C

　　被摆在战略位置的传感器应按照一定标准来监测流量。也就是说，传感器寻找特定事件的发生，并报告给代理人程序。代理人程序是接收传感器的观察结果并对可能的威胁做出判断的软件。可能的威胁是由事件本身或与其他事件一起形成的。代理人程序具有人工智能，意味着它们基于在不同情况下可能会改变的标准做出决策。此外，通过代理间的安全通信，代理人程序共同监控整个企业网络。

　　传感器指标可以像计算失败用户名或密码尝试次数一样简单。基于这个次数，代理人程序决定所需的对策。能在统计上提供信息的一个参数是用户名和密码提交的时间间隔。此时间间隔表示用户键入密码所需的时间。

　　密码保护的网页可能有一个计算键入字符间隔时间的可执行短代码。这适用于输入用户名或密码。击键动力学能提供一个合理可靠的半生物认证机制，作为用户的数字标识。

　　传感器可以进行数据流簇处理，起到防火墙的作用。簇处理的传感器可以阻止可疑的流量，从而防止未遂攻击。另外，传感器可选择流量，将收集到的数据发送到入侵检测和预防系统处理器。另外，传感器可不影响网络速度地观察流量。当然，这可能不会阻止任何可疑的流量。无论采用哪种方式，传感器的结果被转发到入侵检测和预防系统处理器，从而使阻挡行为起了作用。图 7-3 和 7-4 分别说明了有簇处理和被动遥感的入侵检测和预防系统的拓扑结构。

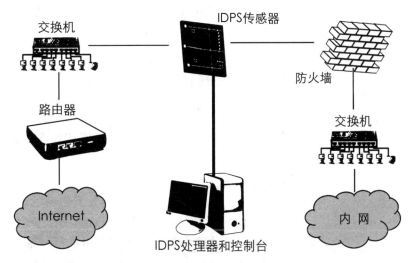

图 7-3 簇处理传感的入侵检测和预防系统的拓扑结构

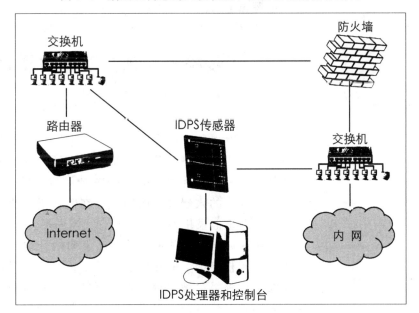

图 7-4 被动遥感的入侵检测和预防系统的拓扑结构

7.2.2 处理器 Processor

处理器负责收集传感器和代理人程序提供的记录并搜索恶意软件或异常情况，使其产生关联。性能必须得到彻底的测试（在入侵检测和预防系统离线和在线的情况下）——不断更新标准来反映最新的防御技术以及对抗不断进步的恶意软件。

7.2.3　控制台　Consoles

处理器将所有结果发送给控制台，通过管理员监督系统性能。通过实时的处理器或管理员操作对传感和处理参数进行调整。

7.2.4　网络　Network

入侵检测和预防系统的组成部分 ——传感器、处理器和控制台——用自己的网络相互交流，对可进行网络访问的生产网络进行分离。这样一来，入侵检测和预防系统不受入侵攻击的影响，因为它在物理上或逻辑上与网络隔离。

7.3　入侵检测和预防系统的能力
IDPS Capabilities

入侵检测和预防系统的能力取决于系统的复杂性。至少，首席信息官将使用入侵检测和预防系统来确定评估预期过滤和报警的防火墙。此外，非事务性活动通知，如 IP 或端口扫描，虽然不是威胁，但可能是一个未决的入侵攻击的前兆。在监督指定活动的过程中，入侵检测和预防系统记录相关信息并向有关当局报告。

这些可能是在预定点时及时发布的计划报告。因为特殊事件的发生，或授权终端可能接收自定义报告的按需报告，异常报告会被自动发布。此外，对被发现的入侵事件，入侵检测和预防系统可以收集并分发周边可能有助于以后入侵取证调查的信息。入侵检测和预防系统的基本功能可被分为：

> 信息采集；
> 信息记录；
> 检测技术；
> 预防措施。

7.3.1　信息采集　Information Acquisition

信息采集是由在转发结果到入侵检测和预防系统的处理器之前提供初步处理的传感器完成的。

7.3.2　信息探测　Information Loggings

事件记录连同其分类导致大量与检测事件相关数据的积累。表 7-3 列出了通常由传感器收集并发送到入侵检测和预防系统的处理器以供分析的数据。

表 7-3　传感器采集的数据

- 时间戳。日期和时间。一个入侵检测和预防系统往往有自己的计时钟以保持准确记录。
- 地址。源和目的端（IP、MAC、IMEI）。
- 端口号。源和目的端。
- 端口类型。TCP 或 UDP 或 ICMP 类型和代码。
- 层协议。网络层、传输层或应用层。
- 身份证号。连接或会话。
- 评级。处理器考虑的优先级或重要性。
- 违反。违反或警报的类型。
- 大小。通过该连接发送的字节数。
- 凭据。用户名、密码、任何特殊的代码。
- 有效载荷。应用级数据交换。

7.3.3　检测技术　Detection Techniques

入侵检测技术可以分为三类，分别是：

➢　基于特征的检测；

➢　基于异常的检测；

➢　状态协议分析。

对于基于特征的检测，入侵检测和预防系统有一个表明已知病毒的参数数据库。例如，如果一个名叫 love.exe 的文件是一个病毒，它的存在会触发警告，入侵检测和预防系统将采取合适的措施。此外，如果一个数据包的始发端或目的端有一个被列入黑名单的 IP、MAC 或 IMEI

地址，将会再次创建警告。可能的话，基于 IP 地址，整个地区都被列入黑名单或在非工作时间内无法使用资源。

对于基于特征的检测，会用到黑名单（热点清单）和白名单。当然，基于特征的检测对未知威胁是不起作用的。黑名单包含可能与入侵相关的离散实体的特征。这些实体是主机、端口号、应用程序、文件名或文件扩展名，或其他可由网络通信辨识的量化参数。白名单包含可能显示入侵标志的离散实体的特征，而在现实中，它们是无害的。

对于基于异常的检测，入侵检测和预防系统有一个代表"正常"网络行为的配置文件的数据库。如果出现不寻常的情况，会激活信号旗。它更像是在国际口岸的护照检查处，如果一个人被列入黑名单中，或检查人员注意到一些奇怪的事情，会出现警报。这些配置文件描述了应用、网络、主机甚至独立用户的预期行为。文件的参数可依据统计信息并进行动态调整[2]。也就是说，人工智能的使用可能会允许这些配置逐步改变而不创建警报。这些配置的偏差将会触发警报并且使入侵检测和预防系统采取适当的措施。对于基于异常的检测，相当数量的微调是必需的。过低的阈值将导致错误的警报，而宽松的阈值可能导致无法识别恶意活动。

拒绝服务攻击可以用监控网络流量增长速度的人工智能进行辨识。"如果人工智能被嵌入在互联网路由器中，路由器能共同创建一个互联网 SCADA 系统，能够检测和防止潜在的拒绝服务攻击[3]。"然而，"由于网络、程序和行为的性质，基于异常的入侵检测系统更容易产生误报[4]。""基于异常的检测方法的主要好处是它们可以非常有效地检测以前未知的威胁"[5]。

对于状态协议分析，协议性能模型被开发并被用于参考。在某种程度上，这种技术类似于基于异常的检测，但不是建立正常的运作模式，而是使用供应商提供的配置文件。"当我们执行状态协议分析时，我们监测并分析所有连接或会话中的事件"[6]，然后将行为映射到可用的配置文件。虽然这种检测方法有用，但除非破坏了预期行为，该方法不能检测到攻击。

7.3.4　预防措施　Prevention Actions

"入侵检测和预防系统"这个名字意味着，在检测后，要预防试图入侵的行为。这可以以各种不同的方式实现，包括：

> 阻断对目标资源（数据库、服务器或应用程序）所有服务的访问。

> 阻断所有有标识符用户的通信。如 IP 地址、MAC 地址、用户数量或其他独特的可疑攻击者的特征。

> 阻断造成事故的网络连接的进一步活动。

> 阻断被感染部分。这适用于电子邮件附件，或有 HTML 文件的中毒文件。

> 阻断攻击者的要求，改变网络防火墙标准。

入侵检测和预防系统有可能创建一个"假阴性"错误从而错过攻击，或有可能建立一个"假阳性"错误从而阻断一个真实用户。但通过广泛的预先部署，测试并微调入侵检测和预防系统，可渐渐使其接近完美。

7.4　入侵检测和预防系统管理
IDPS Management

在取得入侵检测和预防系统的管理权后，其管理专注于系统实施、系统运行和系统维护。组织不鼓励内部入侵检测和预防系统发展的原因有两个：一个是入侵检测和预防系统要想强大，必须是非常复杂的；另一个是入侵检测和预防系统随时可用并且是可重构的。

7.4.1　实施　Implementation

入侵检测和预防系统的实施有五个步骤：

步骤一：产品功能的鉴定。

步骤二：结构/拓扑的设计。在拓扑中，产品功能被映射到要被保护的信息系统的入侵检测和预防要求中。

步骤三：入侵检测和预防系统的安装。该系统可能是基于程序或基于设备的软件。

步骤四：入侵检测和预防系统的渐进测试。

步骤五：系统激活。有可能回到这里列出的任意一个步骤。

1. 功能

市面上有许多可用的入侵检测和预防系统。有些是以程序的形式，也就是说，入侵检测和预防系统是一个有最少代码的广泛使用主机操作系统中可用模块的软件，当然是特定的操作系统。其他是以设备的形式，也就是说，它是一个有自己的程序的自主运作的软件，独立于主机的操作系统。图 7-5 显示了一个基于设备的入侵检测和预防系统的控制台。

图 7-5 一个基于设备的入侵检测和预防系统的管理控制台：
Enterasys Dragon Network 入侵检测系统设备（快速以太网）[7]

2. 架构

所设计的架构将提供所应用的入侵检测和预防系统的拓扑结构，该架构考虑监控地点和预期的可靠性水平。为了提高可靠性，传感器被冗余部署在多个传感器监测相同活动的地方。入侵检测和预防系统的结构也与其他入侵检测和预防系统组件的位置有关，如服务器和管理控制台。入侵检测和预防系统将与它保护的信息系统相连接以收集数据，并影响到必要的行动。表 7-4 列出了典型的入侵检测和预防系统的接口。

表 7-4 信息系统入侵检测和预防系统的接口

从已知的来源收集数据以供分析	响应事件发送的数据
➢ 事件管理软件	➢ 管理员警告信息
➢ 登录和电子邮件服务器	➢ 电子邮件警告信息
➢ 寻呼系统	➢ 自动电子邮件
➢ 网络路由器和交换机	➢ 事件简介
➢ 防火墙	➢ 防火墙重新配置

续表

从网络管理软件接收的数据	被发送以预防企图进行破坏的事件的命令
➤ 补丁更新 ➤ 入侵检测和预防系统的配置更新 ➤ 管理控制台命令	➤ 进程终止 ➤ 附件去除 ➤ 访问阻断

3. 安装

一旦入侵检测和预防系统的解决方案已被确定并且拓扑结构被定义，便可以进行安装。通常情况下，基于设备的入侵检测和预防系统的部署更简单。然而，传感器定位仍然是最重要的参数。依靠特别的安全应用，在关键的网络、电子邮件服务器和关键的数据库，传感器可被放在防火墙的前端或后端。

4. 测试

系统测试和操作员的培训应该双管齐下。测试是一个漫长的过程，其中检测和预防标准被调整以最大限度地减少误报。由于新威胁和软件被不断更新，操作员培训将是一项持续不断的活动。

5. 激活

激活是使用系统前的最后步骤。实践证明，当入侵检测和预防系统被激活时，所有传感器立刻开始工作，大量误报使操作员不知所措。建议传感器激活采取一个渐进的方式以便于实施额外的微调。一种定向的入侵检测和预防系统部署最能揭示隐藏的问题，并最大限度地防护信息系统。而在激活阶段，暂时、部分或完全的系统中断对于入侵检测和预防系统与生产网络的逻辑和物理接合是必要的。

一旦投入生产，就需要特征数据库的不断更新以及阈值的调整。考虑到在信息系统安全运行中入侵检测和预防系统的重要性，建议管理员使用双重认证，尤其是当使用远程访问时。

7.4.2　操作　Operation

入侵检测和预防系统的产品通常是通过一个图形操作用户界面，一些命令行接口的控制台进行操作。使用控制台，管理员可以完成大量的操作，包括：

> 入侵检测和预防系统数据的监测和分析。

> 配置，以及传感器和管理服务器的参数更新，包括将入侵检测和预防系统的任务分成不同部分从而有利于操作和故障排除。

> 用户账户和授权参数的设置，包括特定权限和被监测的传感器。

> 根据需求和异常报告，进行计划表的设计和准备。

一个典型的智能入侵检测和预防系统控制台的屏幕如图 7-6 所示。通过这个控制台，操作员可定义、编辑、存储和查询。此外，操作员还可以创建用户自定义的查询过滤器和警告性配置文件并且准备自定义报告。

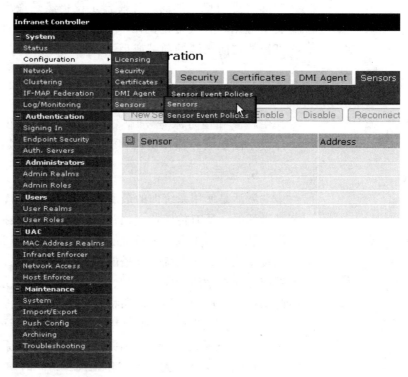

图 7-6　管理控制台：配置与入侵检测和预防系统设备的连接（局部视图）[8]

7.4.3　维护　Maintenance

入侵检测和预防系统需进行长期维护。预期的维护基本上包括三个部分：确认正确操作、软件更新和负责人员培训。维护是不可避免的任务 —— 无论是联机还是脱机，这将影响服务的预期连续性。确认正确操作，包括监测和测试。测试可以是周期性的，并可能是在脱机测试环境下，或当该系统在工作，即在网上使用时进行。

软件更新，包括更新威胁特征数据库，调整威胁级别，通过安装补丁更新供应商提供的软件，并重新配置新要求、新技术和新威胁要求的系统。在全面测试后，可取的做法是，在应用更新前，其真实性通过可用的机制被证实。通常情况下，由管理员核算的更新文件的校验必须匹配由供应商提供的校验。此外，备份旧配置始终是一个好主意。

对负责人员进行持续的培训是一个绝对有必要的任务，以便让工作人员掌握相应技能。在最初由供应商提供的培训后，内部培训是为了使每个人都能加速适应公司的要求。产品文档始终是运营商可以依赖的一个极好的信息来源，更不要说产品供应商支持的实时通信服务。

入侵检测和预防系统的监督和操作的成功需要 IT 专业人员，这些 IT 专业人员拥有在信息安全、网络管理以及系统管理方面的技能，且能不断增加自己在入侵检测和预防系统管理方面的网络安全专业知识。朝着这个目标，加入特定产品的用户群是明智可取的，因为这个用户群可形成一个能够提出问题并有望发现相应解决方案的论坛。

为了把重点放在其核心活动上，许多组织将其信息系统安全外包给致力于这一领域的具有丰富经验并以此为专长的公司。当然，必须对外包进行相应的评估。

7.5　入侵检测和预防系统的分类
IDPS Classification

入侵检测和预防系统可分为以下四大类：
> 基于主机的。即在特定的主机（计算机）中分析事件以发现有入侵倾向的活动。
> 基于网络的。即在特定网络（仪器或图块）中分析协议活动以寻找协议异常。
> 网络行为分析。该分析可能揭示违反政策的事件、恶意软件或分布式拒绝服务。
> 基于无线的。即检测无线网络流量以防止可疑活动。

7.5.1 基于主机的入侵检测和预防系统
Host-Based IDPS

基于主机的入侵检测和预防系统是与主机相关的入侵检测和预防系统。也就是说，一台计算机 ——工作站或服务器（网络、电子邮件、域名服务器等）。这种入侵检测和预防系统通常监视以下六个方面的活动：

➢ 外部有线接口；

➢ 无线（Wi-Fi 和蓝牙）；

➢ 调制解调器流量；

➢ 文件状态（访问、修改和建立）；

➢ 系统配置（静态或动态）；

➢ 正在运行的进程（系统以及应用程序）。

将上述各方面的观察结果与预期性能的模板相比较，可能导致检测警报和（或）预防措施。图 7-7 说明了一个典型的基于主机的入侵检测和预防系统的配置。基于主机的入侵检测和预防系统可以是基于软件的，在这种情况下，它被安装在监视主机里；该系统也可以是基于设备的，在这种情况下，它是一个独立的被放置在被检测主机和到外网及内网的路径之间的物理硬件。

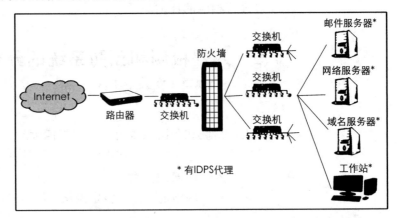

图 7-7　一个基于主机的入侵检测和预防系统的典型配置

在基于应用程序的情况下，有两种预防方法。一种是代理人程序监测活动结果，另一种是代码块（称为分隔片）被插到选定的地方，如操作系统、操作系统代码、应用程序代码或协议中，作为小型防火墙检测和阻止不受欢迎的活动。

在基于设备的情况下，代理人程序是在主机外，没有分隔片提供的微控制，但它独立于操作系统。被检测事件的记录参数包括：

> 事件类型和它的优先级。
> 时间戳，基于分配的信源。大多数入侵检测和预防系统产生自己的时间戳，而不是从外部源复制。
> 相关的端口和 IP（外网和内网）地址。
> 文件名和路径（目录、子目录等）。
> 授权/身份验证凭据（用户名）。

基于主机的入侵检测和预防系统通过在虚拟环境中执行代码来检测和防止恶意软件。也就是说，在一个不能损害其他程序也不可以使用禁用资源的环境下，入侵检测和预防系统的代理人程序留心预防：

> 违规，如进入未经授权的地方。
> 特权升级。
> 缓冲区溢出，栈或堆。
> 未经授权的库调用。
> 可能复制击键或试图安装隐藏程式的指令。

基于主机的入侵检测和预防系统也检查文件的完整性、属性和文件访问。完整性通过校验和测试进行检测，如果不正确，它表明文件内容已经被改变。检查和是在文件内容通过预设算法后产生的二进制序列。

文件属性对于文件内容的安全性和完整性是非常重要的。属性包括读/写访问权限、文件来源、访问和修改时间戳、数字签名和其他可能的取决于文件类型的参数。文件访问控制是最关键的安全功能。在分隔片的位置可能会发现违反政策的行为，甚至通过阻止访问实施安全政策。

与其他系统类似，基于主机的入侵检测和预防系统需要调整。在初始激活以及在受保护文件安装或更换后必须进行调整。另外，白名单和黑名单需要实时防止虚假检测。在部署该系统之前，必须解决它与其他保护系统的冲突，以避免这两个系统的失灵。

由于日益提高的警惕性，基于主机的入侵检测和预防系统对受保护的主机会造成负载，需要大量的处理时间、内存和光盘空间。此外，在安装和部署之间，要求广泛测试以确保入侵检测和预防系统到主机的正确集成。这种测试将发生脱机情况，导致主机在此期间暂停服务。

7.5.2 基于网络的入侵检测和预防系统
Network-Based IDPS

在基于网络的入侵检测和预防系统中,传感器可能是基于应用程序的或基于设备的,并可以监视网络中的多个设备或模块。为了应用预防措施,传感器必须与主机连在一起。联机传感器必须有非常高的速度,以免造成流量堵塞。如果流量接近饱和点,必须让未经核对的流量通过或丢弃低优先级的流量,以减少负荷。当无源传感器被安装时,只报告观察结果而没有任何能力阻止检测到的事件。当正在分析数据和可能采取预防措施时,无源传感器将收集到的数据转发到管理服务器。图 7-3 和图 7-4 说明了基于网络的入侵检测和预防系统。基于网络的入侵检测和预防系统的联机传感器可干预并防止事件运行,而其无源传感器仅仅是作为观察员和事件报告者。

基于网络的入侵检测和预防系统可分析网络层、传输层和应用层的活动,并多数使用之前在此章讨论过的三项检测技术,即基于特征的检测、基于异常的检测和状态协议分析。

检测过程可以分布到多个由入侵检测和预防系统的负载平衡器处理的传感器。基于网络的入侵检测和预防系统所扮演的基本上是一个观察网络流量的角色。在这一过程中,入侵检测和预防系统按规定标准留意违规行为。入侵检测和预防系统报告可采用预防措施对入侵实施检测并预防管理服务器的侵入行为。

入侵检测和预防系统所收集的数据类型包括:通信主机的 IP 和MAC 地址以及它们的操作系统的类型和版本。版本的确定导致可能存在需要加以保护的漏洞的信息。其他收集到的参数是所使用的端口,应用程序和它们的版本,两台主机之间的跳数以及通常包括通信协议的其他数据。

7.5.3 网络行为分析系统
Network Behavior Analysis System

网络行为分析系统正如其名字所暗示的一样,负责检查网络行为。它通常是基于设备的。网络行为分析系统被动观察网络中的无数结点和协议活动，创建一个本身不断更新的基准并构成"正常的流量行为"。网络行为分析使用该模型作为基准以检测偏差并确认各种资源使用的趋势。

网络行为分析对于检测拒绝服务攻击，或持久性的尝试打破授权码的行为是理想的。网络行为分析传感器可以用联机或无源这两种模式中的任意一种进行部署。在联机模式下，网络行为分析作为一个小型的防火墙，阻止从可疑主机发出的请求。在无源模式下，网络行为分析从已选择的流量中收集数据 —— 如通信主机的 IP 地址、协议和活跃应用 —— 并加以干预，如果必要的话，终止不被信任的活动连接。图 7-8 说明了网络行为分析入侵检测系统的拓扑结构。

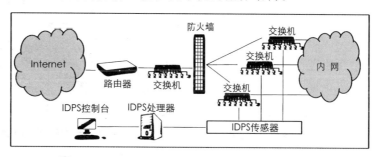

图 7-8　网络行为分析入侵检测系统的拓扑结构

7.5.4　无线入侵检测和预防系统　Wireless IDPS

无线入侵检测和预防系统负责监控无线局域网的性能。事实上，无线局域网技术是 Wi-Fi，正式名称为 IEEE 802.11。这项技术在不同的信道上操作，通信不断更换信道。因此，无线入侵检测和预防系统的每个通道都应有传感器，以最大限度地提高其性能。如果只有一个传感器，该传感器将需要在信道间跳跃，自然会错过通信活动。图 7-9 说明了一个无线局域网入侵检测和预防系统的配置。

无线入侵检测和预防系统独立工作或被嵌入到无线接入点，从那里监视网络活动。虽然 Wi-Fi 技术通过有线等效加密（WEP）为数据安全提供了加密，但其加密强度被认为很弱，需要采取额外措施。即使一个组织没有运作无线网络，无线入侵检测和预防系统也可以被部署以探测电波，并确保未经授权的接入点没有被连接到组织的网络。Wi-Fi 探测器至少应被用来确认没有任何未经授权的接入点连接到组织的局域网络。图 7-10 显示了一个典型的 Wi-Fi 探测器。

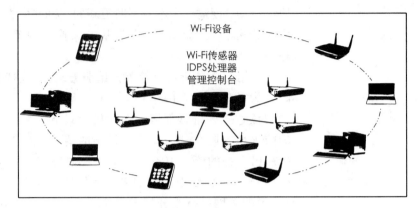

图 7-9　无线局域网入侵检测和预防系统的典型配置

图 7-10　典型的 Wi-Fi 探测器

如果一个组织可用的无线局域网"有解决方案,射频传感器的位置可以从几何上确定客户端是否在被授权的物理区域内。这种需要现场地形熟悉和微调的技术在测试中能提供100%的安全性[9]"。

传感器的部署需要考虑多方面的因素,这些因素包括:

> 传感器的范围和建筑平面图;
> 组织的无线接入点的拓扑结构;
> 组织的有线网络的拓扑结构;
> 入侵检测和预防系统的成本和受保护数据的价值;
> 设备的物理安全性;
> 被使用的入侵检测和预防系统的技术。

对被检测到的事件按照与其他三种(如上所述的)入侵检测和预防系统类似的标准进行评估。预期的无线入侵检测和预防系统的功能包括:

> 所有无线设备的识别 —— 接入点或工作站。
> 任意无线设备的物理位置的测定 —— 访问点或工作站。通过三角测量找到物理位置,这将需要部署多个传感器。
> 识别违反政策的行为。
> 在检测模式中进行预防的能力。使用两个独立的射频模块,一

个接收信息，另一个则传输信息。

➤ 中间人攻击的检测。

➤ 拒绝服务攻击的检测。

➤ 检测 Wardriver 使用的无线网络扫描仪（Wardriver 是开车在街道转悠，进而使用或攻击某个无线网络的人）。

检测到的事件的记录参数包括：

➤ 在该事件中有疑点的无线设备的 MAC 或 IMEI 号码的鉴定。

➤ 事件发生的信道。

➤ 通过接入点分配给无线设备的地址。地址通常是 192.168.1.×× ，其中 ×× 是分配给设备的号码。

➤ 时间戳，基于分配源。大多数入侵检测和预防系统产生自己的时间戳，而不是从外部来源复制。

➤ 事件的类型和优先级，由入侵检测和预防系统进行分类。

➤ 传感器数量，如果使用有传感器的入侵检测和预防系统。

➤ 应用对策。通常情况下，终止连接并预防连接到有疑问的设备。

无线入侵检测和预防系统的预先部署需要初始化，输入合法的设备参数，进行微调以确保覆盖受保护的地区。

7.6 入侵检测和预防系统的比较

IDPS Comparison

上述入侵检测和预防系统的解决方案都有独特的用途，并在一定程度上有独特的设计。表 7-5 总结了它们的主要特点。

表 7-5 入侵检测和预防系统的主要类型比较

类型	受保护域名	审查活动	焦点
基于主机的	单一主机工作站或服务器	操作系统、网络流量	检查所有活动，包括流量和文件属性
基于网络的	子网和网络主机	网络层、传输层和应用层	专注于白名单/黑名单检测，分析协议
网络行为分析	子网和网络主机	网络层、传输层和应用层	专注于反常行为检测，检测拒绝服务攻击
基于无线的	无线网络和主机	协议活动和访问	专注于主机安全和流量授权

7.7 练习 Exercises

（1）解释为什么基于特征的检测对于未知威胁是无效的。

（2）说明初始化一个异常检测系统的必要步骤。

（3）解释为何无任何无线局域网业务的组织也要部署无线入侵检测和预防系统。

（4）对基于主机的入侵检测和预防系统产品进行市场研究，并撰写一份报告。

（5）对无线入侵检测和预防系统产品进行市场研究，并撰写一份报告。

（6）对基于网络的入侵检测和预防系统产品进行市场研究，并撰写一份报告。

（7）对网络行为分析入侵检测和预防系统产品进行市场研究，并撰写一份报告。

（8）某律师事务所有一个由 10 台台式计算机和 3 台服务器组成的单一局域网 —— 网络，电子邮件，文档。撰写一份关于必要的入侵检测和预防系统要求的配置报告，包括推荐产品。

（9）一个酒店在主大堂提供免费的 Wi-Fi 服务。请针对这一服务撰写一份关于反恶意软件或其他入侵方式的报告。

（10）描述基于软件的和基于设备的入侵检测和预防系统之间的差别。

Cyberspace
and
Cybersecurity

第 8 章

网络空间防御

Cyberspace Defence

网络安全是任何安全概念不可分割的一部分，

无论是企业还是国家

Cybersecurity is an integral part of any security concept,

let it be corporate or national.

8.1 引言 Introduction

对数据的威胁来自全方位。在存储以及传输过程中，数据都会受到威胁，因此数据安全专业人员需要部署传感器和屏障以防恶意软件影响组织的数据。有许多保护数据的技术和工具，当它们被正确部署时，它们能最大限度地提高信息系统的安全性。数据安全工具大致可分为面向计算机防御的和面向网络防御的，前者关注创建或储存在计算机中的数据，而后者关注在网络传输中的数据。

8.2 文件保护应用 File Protection Applications

有无数具有单一或综合功能的文件保护应用软件可使计算机免受不良事件的影响。这些应用包括以下旨在提供数据保密性、完整性和可用性的功能。

表 8-1 文件保护应用

文件备份	文件恢复
灾难恢复	文件加密
历史删除	记录器
粉碎和擦除	反记录器

8.2.1 文件备份 Files Backup

文件备份是每一个工作站或信息系统需要具有的基本功能。文件备份可能会脱机发生在一个附加的可移动设备或可访问内网的存储系统内，或在线通过 FTP 可访问网络的地方[1]。备份存储可能需要按计划或按要求实时进行。存储可能有加密和压缩选项。此外，备份存储选项经常提供"旧版本的自动存档"[2]。

尽管不明智，但大多数用于备份的应用程序仍提供创建文件备份区的主磁盘驱动器分区。虽然这优于没有备份，但理想情况下，备份空间必须在不同的物理介质中。图 8-1 说明了各种文件备份的选项。

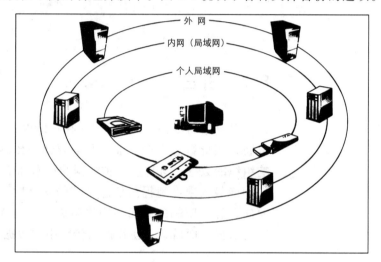

图 8-1　文件备份的方式

8.2.2　灾难恢复　Disaster Recovery

灾难恢复适用于紧急情况，即组织的文件被损坏到不可使用的程度。灾难恢复要求组织的所有软件被存储在至少两个地方，一个在组织所在地，另一个不在组织所在地但能够在线访问。灾难恢复系统由服务器和大容量存储设备组成。大容量存储设备提供以下所列的多种功能[4]：

  ➢ 磁盘映像备份；
  ➢ 业务和档案文件的备份；
  ➢ 应用程序备份（包括登记号码存储）；
  ➢ 裸机还原（二进制映射）；
  ➢ 备份到磁盘/网络共享；
  ➢ 备份到磁带和磁带库；

> 备份到在线存储；
> 远程和集中管理；
> 备份目录和搜索；
> 还原到不同的硬件或虚拟机；
> 重复数据删除。

重复数据删除这个术语的意思是删除所有副本，使得无论是被存储还是被传输的内容尽可能是独一无二的。通过这种方式，可以最小化所需的存储空间和灾难恢复的传输时间。

灾难恢复是组织的基本能力，需要一个接受过专门培训的团队，这个团队可以在最短的时间内提供业务连续性。图 8-2 显示了一个典型的灾难恢复配置[5]。图 8-3 显示了先进的灾难恢复配置，包括辅助数据中心以及一个完全的镜像数据中心[6]。

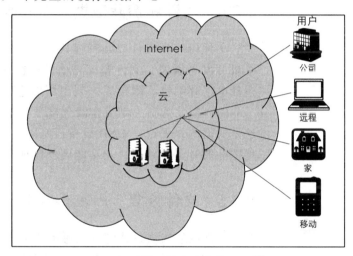

图 8-2　典型的灾难恢复配置[5]

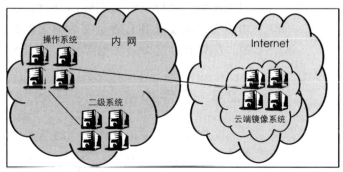

图 8-3　一个先进的灾难恢复配置（由 EXFO 公司提供[6]）

8.2.3　历史删除　History Deletion

历史删除在许多组织中是非常重要的问题。在以前的纸质世界中，使用碎纸机或者火可永久性地销毁纸张。虽然有许多方式可被用来销毁电子文件，但情报机构通常需要敏感的电子文档驻留或存放的物理媒介被销毁成小于 4 mm×4 mm 的碎片。也就是说，没有一个电子文件擦除方法是强大到可以绝对信任的。

许多网络浏览器提供隐私浏览模式，被称为 incognito、inPrivate 或其他名称，并声称在这种模式下退出便没有上网痕迹被保留在计算机中。但根据取证专家所说，有工具可恢复这些文件和其他数据。

8.2.4　粉碎和擦除数据　Shredding and Wiping

文件粉碎是文件以几种模式被写几次的电子化进程。根据电子碎纸机开发者所说，文件粉碎可使文件被完全销毁。许多反病毒产品就包括电子碎纸机。附录 8-A 列出并描述了最常见的碎纸算法[7]。

磁盘擦除的概念是完全清理磁盘并格式化它。对于便携式存储设备这是所需的，无论是 USB 设备还是固态硬盘。这类产品"完全和轻松地擦除所有实时数据，它不能用任何现有的技术进行恢复[8]"。

8.2.5　文件恢复　File Undelete

文件恢复指恢复特定的已被删除的文件。当一个文件被删除时，文件的内容其实并不会被删除，只是它的空间被添加到可用的扇区。正因为如此，可以恢复被删除的文件，除非它实际上被重写了。一些成功的文件恢复工具有着足够的搜索参数，使得文件发现和恢复过程更短，尽管有时这个过程也需要几小时[9]。

8.2.6　文件加密　File Encryption

文件加密是维护文件安全的基本做法，但每个文件都有一个密码的方式可能会适得其反。然而，机密文件都需要保护并且必须确定加密选项。办公自动化套件提供了加密选项，可以分配两个必要的密码，即只读型和读写型。有人可能会使用外部套件加密应用提供同样强大的加密功能。图 8-4 显示了一个文件加密应用的交互窗口。[10]

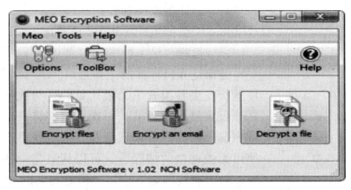

图 8-4　一个文件加密应用的交互窗口[10]

其他加密软件"在一个文件中创造一个虚拟的加密磁盘,(可安装)作为一个可以通过驱动器盘符访问的虚拟驱动器[11]"。这可以发生在主驱动器或便携式驱动器中。文件被存储在该虚拟驱动器中,它们被加密并携带驱动器的密钥。这是一个非常有趣的技术,没必要为每个特定的文件配置单独的密码。

8.2.7　记录器　Loggers

记录器是复制信息的软件或硬件,被生成并存储在一个预定义的地方。这个地方可以是生成信息的计算机里,也可以是用有线或无线方式进行网络访问的地方。记录器可能是由管理员安装的,被用来对数据进行收集和分析,或暗中监视不知情的用户。记录器也可能由网络黑客安装在未受保护的计算机中。表 8-2 列出了一些可能被记录的信息。[12, 13]

表 8-2　记录器可能收集的信息

击键	剪贴板条目
键入的密码	打开的文档
运行的应用程序	时间活动
语音聊天对话	
网络活动 —— 访问过的网站,邮件	
按预设定时间进行的截屏	

所记录的信息可以存储在本地或远端。在后一种情况下,通信通过

以下方式进行：

- ➤ FTP，发送到服务器或数据库；
- ➤ 定期的电子邮件；
- ➤ 无线的方式（Wi-Fi 或蓝牙）；
- ➤ 远程登录（PC 到 PC 的通信）。

键盘是人机界面的主要接口，是一个非常薄弱的地方。击键记录程序运行在多种模式下，最简单的是为此目的安装一个软件。其他模式是通过声波或电磁波。每次击键都将产生一个基于键盘机械设计的独特声音，因此，可以记录和分析这些声音，从而得到一击键序列。在使用无线键盘的情况下，可以从空气中捕捉通信信号从而揭示击键序列。对于有线键盘，连接线辐射的电磁波，相当于对应按键 1 和 0 的标准序列。

8.2.8 反记录器 Anti-Loggers

反记录器是专门用来检测代码记录软件的。虽然典型的反病毒软件可以检测许多记录模式，但专用的反记录软件可以更好地服务于这个非常重要的安全需要。

表 8-3 说明了一个实际的击键记录报告。Kostopoulos 这个词被输入了两次。在第一次，按键加密被激活，导致写入以粗体显示以示强调。[14]在第二次，这个词是在按键加密无效后输入的。虽然键盘记录器被激活，安装的防病毒软件[15]提醒这种键盘记录软件是很危险的。[12]

表 8-3　键盘记录器报告的例子

DRPU[16]电脑管理-基本报告 日期范围：2011 年 9 月 29 日至 2011 年 9 月 29 日	
击键报告	
记录参数	记录数据
日期	2011 年 9 月 29 日下午 1 点 22 分 30 秒
窗口标题	反键盘记录报告-Mozilla Firefox 浏览器
应用程序路径	C:\Program Files(x86)\Mozilla Firefox\firefox.exe
计算机\用户名	USER-HP\user
输入按键	**-[Shift]?]yd9u7cfq[Space][Shift][Shift] + Kostopoulos**

8.3　PC 性能应用　PC Performance Applications

对于处在最佳状态的个人计算机，文件和它们的相互关系必定是无差错的。应用程序可扫描计算机，找出错误并将文件恢复到正确状态。这些应用程序包括以下功能，旨在提供稳定的计算机操作和最好的可用资源。

（1）注册表修复；

（2）反隐匿程序；

（3）反病毒；

（4）清理垃圾文件；

（5）整理碎片。

8.3.1　注册表修复　Registry Repair

在一个操作系统中，文件注册表——系统的中央数据库促进跨文件通信和文件访问。然而，随着时间的推移，损坏的旧文件将积累下来。当注册表出现错误时，计算机速度变慢，应用程序冻结且计算机本身经常崩溃。“通过修复这些 Windows 注册表过时的信息，您的系统会运行得更快，无差错。”[16]表 8-4 列出了典型的被发现并通过注册表修复工具修复的错误。

表 8-4　注册表修复工具处理的错误

文件中的错误	Windows 中的错误
应用 DLL 文件 EXE 文件 蓝屏* 无效参数 访问权限	探索器 安装程序 System 32 浏览器 运行时间 实用程序
*蓝屏：整个屏幕变成蓝色并显示某些消息，这是 Windows 操作系统中的 Stop 错误	

8.3.2　反隐匿程序（反–Rootkits）　Anti-Rootkits

Rootkit 是一个间谍软件/恶意软件。黑客将它插入在应用程序中或操作系统中来创建一个暗门。利用暗门可绕过所有访问安全控制。通过这个暗门，黑客可绕过所有安全措施并冒充为授权用户访问资源。"Rootkits 可以埋藏在计算机中并未被杀毒软件发现[17]"。反隐匿程序检查每一个新软件的安装以防间谍软件。从应用程序中删除间谍软件就像是外科手术，在不影响应用程序性能的情况下完成。在安装反隐匿程序前安装的 Rootkits 可能不会被发现。因此，建议在安装反隐匿程序后重新安装程序。

8.3.3　杀毒软件　Anti-Virus Software

病毒是一种恶意软件，能够损坏文件，造成操作问题并使应用程序和操作系统崩溃。一种最常见的病毒活动是侵占专门的操作系统和驱动程序的空间，或覆盖应用程序代码。表 8-5 中列出了防病毒软件的典型功能[19]。

表 8-5　防病毒软件的功能

（1）简单安装	（11）数据备份
（2）恶意软件防护	·计划备份
（3）间谍软件防护	·按需备份
（4）反键盘记录	（12）数据灾难恢复
（5）垃圾邮件防护	（13）控制互联网访问
（6）文件加密	·企业
（7）文件粉碎	·父母
（8）表格自动完成	·社会网络
（9）沙箱技术	（14）密码管理
（10）集中管理	·产生
·报告	·保护
·更新	·加密
·警报	·存储
	·USB 密码存储

8.3.4　垃圾文件　Junk Files

垃圾文件是卸载应用程序时留下的或与任何有效应用程序无关的

文件。为了更快地执行应用程序，垃圾文件清洁工具会删除[18]：

> Windows 临时文件；
> 无效的开始菜单；
> Program Files 中过时的文件；
> 无效的快捷方式；
> 无效的 MSI 文件；
> 用户自定义垃圾文件和文件夹；
> 空文件和文件夹；
> 无效的文件和文件夹表。

8.3.5　碎片　Fragmentation

碎片这个术语涉及硬盘空间的构成方式。当在硬盘空间进行连续写入和删除操作时，会创建空白空间 —— 被称为碎片。碎片使得大型应用程序不能被加载到连续扇区。当应用程序分布在各种非连续扇区中时，就需要使用内存管理，从而使特定应用程序的执行速度变慢。碎片整理试图将所有可用空间整合在一起，使大型应用程序可以进行没有分区的安装。文件碎片引起的问题包括[19]：

> 崩溃和系统挂起/冻结；
> 计算机启动慢和无法启动；
> 备份时间长和中止备份；
> 文件损坏和数据丢失；
> 程序中的错误；
> RAM 使用及缓存问题；
> 硬盘驱动器故障；
> Domino 服务器性能低迷；
> 控制台日志被长时间锁定；
> 信号超时。

8.4　保护工具　Protection Tools

作为网络空间的一部分，信息系统暴露于各种危险中。幸运的是，也有许多能最大限度地减少这种风险的网络防御应用。些很容易用的应用程序如下所述。

8.4.1 安全分析器 Security Analyzer

有一个非常有用的免费工具，它能对与网络连接的主机的网络安全进行深入分析。它就是微软基准安全分析器[20]。此工具会扫描你的计算机，并对每个检测到的问题生成安全分析报告。报告中会指出：

➢ 扫描了什么；

➢ 结果详情；

➢ 如何纠正。

微软基准安全分析器可扫描一台计算机或多台计算机，还可检索以前分析的扫描报告。图 8-5 说明了一个微软基准安全分析器报告的开始页面。微软基准安全分析器是一个 Windows 工具，检查和报告如下内容：

➢ Windows 管理漏洞；

➢ IIS（互联网信息服务）管理漏洞；

➢ SQL 管理漏洞；

➢ 安全更新。

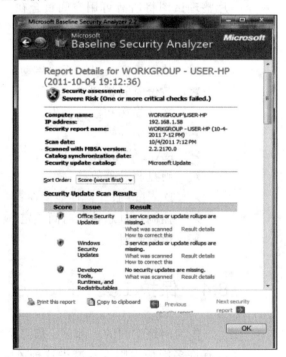

图 8-5 微软基准安全分析器报告的起始页

一个典型的报告显示在本章结束的附录 8-A 中。由微软基准安全分析器检查的问题包括：

> 本地访问密码：

　　·存在；

　　·过期；

　　·强度。

> 文件系统配置。
> 管理权限。
> 访客账户。
> 不完全更新。
> Windows 防火墙。
> 事件的审核 —— 登录/注销。
> 安装的服务。
> 共享资源 —— 驱动器。

该报告提出了发现的问题并提供了每个问题的解决方案。这是一个必须被安装在每一台计算机中并频繁运行的工具。

8.4.2　密码分析仪　Password Analyzer

破解密码的方法和软件有许多。因此，知道我们所使用的密码的"强度"是非常重要的。许多信息系统会自动拒绝分配"弱"的密码。关于怎样构成强或弱密码有各种理论，并且在网络上有许多密码强度计量器可以使用。像"Password"这个密码得到的分数为 8%，而"Uo5$PW9#3"这个密码得到的分数则是 100%[21]。

Windows 操作系统的密码被保存在已知的位置，并且是以哈希表的形式。[22]也就是说，密码通过哈希算法产生。然而，许多哈希算法是众所周知的。因此，如果密码的哈希码与已知密码的哈希码相匹配，这样就发现了未知的密码。

C＆A（Cain&Abel Password Protection）是一款密码破解程序。图8-6 说明了 C＆A 程序的窗口。它是为微软的操作系统设计的，要求实现以下功能[23]：

> 通过嗅探网络允许几种密码的简单恢复。
> 破解加密密码：

　　·字典；

· 暴力穷举；

· 密码分析攻击。

➢ 记录 VoIP 会话。

➢ 解码扰频密码。

➢ 恢复无线网络密钥。

➢ 泄露密码箱。

➢ 发现缓存密码。

➢ 分析路由协议。

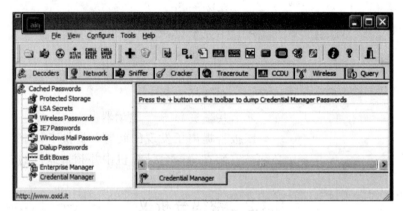

图 8-6　C&A 程序的窗口[23]

对于字典式攻击（Dictionary Attack）技术，计算对应实际字的哈希码。将每个哈希码与密码的哈希码进行比较，如果匹配，就假定相应哈希码的字就是要寻找的密码。这种方法的优点是速度相当快并且直截了当。不过，如果密码不是一般的单词，而是包含特殊字符或数字，那么这种技术就会失败。

对于暴力攻击（Brute Force Attack）技术，生成所有可能的字符组合的哈希码，并最终发现密码。该过程可能需要很长时间，这取决于可用的处理能力，但在理论上密码最终会被发现。

对于密码分析（Cryptanalysis）技术，预先计算的实际密码的相应哈希码被称为彩虹表，这个表在数据库中。将从计算机列表中检索的密码的哈希码与数据库中的哈希码相比较，取决数据库的大小可以找到一个匹配。

C&A 提供的其他服务包括：

➢ 嗅探器：分析加密协议并检测网络流量。

➤ 密码查看器：可显示微软应用程序的密码。
➤ 清理器：清理本地安全授权隐私。
➤ 密码解码器：可揭示存储在 Windows 中的拨号网络密码。
➤ 无线扫描器：收集和验证 Wi-Fi 性能参数。它也可以捕获和解码加密的 802.11 文件。
➤ SID 扫描器：访问远程系统并提取安全标识符。
➤ VoIP 滤波器：捕获 WAV 格式的 VoIP 通话。
➤ 网络扫描仪：识别网络嗅探器和入侵检测系统。

8.4.3　防火墙　Firewalls

防火墙是一种对入境、出境或双向的流量管制。防火墙的预期功能[24]应包括：
➤ 对企业资源的控制访问；
➤ 防止对应用程序或信息的未授权访问；
➤ 与用户认证机制的整合；
➤ 新应用的安全部署；
➤ 互联网上对企业网络地址的保护；
➤ 对企业网络安全的远程访问；
➤ 企业的入侵检测和预防；
➤ 内容过滤机制。

防火墙可能是纯软件，也可能是安装在专用硬件上的软件，如图 8-7 所示。

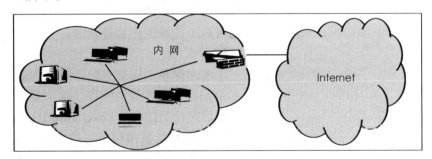

图 8-7　防火墙在网络入口点起到了看门人的作用

在分层协议栈中，防火墙通常位于网络层，但也可以在传输层中被发现。图 8-8 说明了堆栈层次。

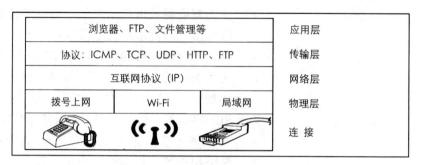

图 8-8　典型的层次结构

防火墙被分为以下三个典型类别：

（1）包级过滤（Packet Level Filtering）。由于现代网络中的一切都以数据包的形式移动，过滤发生在包级。包中的二进制数字或代码携带了以下信息：

➢　包的来源 ——IP 地址和端口号；

➢　包的目的地 ——IP 地址和端口号；

➢　协议信息；

➢　时间戳；

➢　有效载荷 ——数据、命令或回复；

➢　错误检测信息；

➢　其他 ——数据的序列、优先级等。

包级过滤被安装在网络层中。防火墙接收数据包并评估其潜在危险。评估是基于上述前三个参数（来源、目的地和协议）进行的，通常在下列某种情况下结束：

➢　包被转发到目的地；

➢　包延迟，涉嫌拒绝服务攻击；

➢　包被拒绝。

这是一个非常简单的保护方法。通过伪造地址可以躲过包级过滤。伪造这一术语是指包的参数的伪造，这个参数主要是 IP 地址。

（2）电路级过滤（Circuit Level Filtering）。这一类的防火墙通常被安装在传输层，在判断数据包的可信性前，它会验证会话。验证标准是上述前四个参数（来源、目的地、协议和时间戳），以及用户的凭据 ——用户名和密码。有了这样的标准，IP 欺骗并不是评估该数据包的唯一决定因素。

（3）应用层网关（Application Level Gateway）。这里的防火墙是一

个屏蔽网络主机的智能代理服务器。防火墙以对远程系统透明的方式执行数据交换，并能基于网络管理员设立的先进标准控制流量。这类防火墙往往有能力加密和解密数据，从而增强了安全性。应用层网关是迄今为止最安全的防火墙，同时也是最复杂的，需要有自身硬件的保障。

8.5　电子邮件保护　Email Protection

对电子邮件可以在三个方面加以保护。其一是强大的电子邮件客户端，这个客户端在邮件到达时提供广泛的保护。其二是在安装有电子邮件客户端的同一台主机上安装保护软件，并与客户端共同作用。第三种方法是外包，即组织的电子邮件系统在云端存储并管理。云是一个描述在线服务的术语，这种在线服务是外包的并在该组织的物理网络的外部。在云端即"在（组织的）网络外，不需要额外的硬件、软件或人力资源来管理日常的安全操作"[25]。

恶意软件技术的进步要求安全的电子邮件系统的预期功能包括以下方面：

- 入站邮件过滤；
- 出站邮件过滤；
- 多种语言的反垃圾邮件过滤；
- 反恶意软件拦截；
- 垃圾邮件隔离；
- 附件的反恶意软件检查；
- 管制内容的去处；
- 存储或传输的加密和解密；
- 企业政策的执行；
- 灾难恢复；
- 电子邮件的归档。

如果邮件的内容或附件中包含具有某些特征的数字签名的图像，先进的过滤系统会提供图像识别报警[26]。

基于云端的电子邮件系统的额外优点包括：[27]

- 不需要安装或管理硬件或软件；
- 没有前期的资本支出，如安装或升级费用；

➢ 全天候客户支持；

➢ 自动参与并可无缝进行连续性同步。

➢ 集成的基于 Web 的所有解决方案的管理控制台。

➢ 对违反政策行为、被封锁内容和隔离邮件的通知。

➢ 对攻击进行防护。典型的对电子邮件系统的攻击包括拒绝服务和目录复制。

一个基于云端的电子邮件保护系统的控制台如图 8-9 所示。

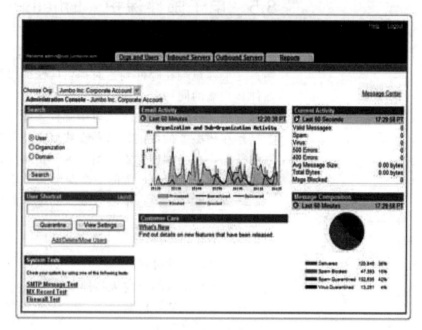

图 8-9　基于云端的电子邮件保护系统的控制台（来自 excelmicro [28]）

8.6　练习　Exercises

（1）下载这个免费的磁盘映像工具并在 USB 上使用它，描述你的经验。

下载地址：

http://www.thefreecountry.com/ utilities/ backupandimage.shtml

（2）对 10 个现有的备份软件进行比较研究。

（3）对 5 个市售的灾难恢复计划进行比较研究。

（4）下载并在你的个人计算机中安装最新版本的文件粉碎软件，并用它粉碎不需要的文件。警告：文件粉碎是不可恢复的。

下载地址：http://www.fileshredder.org

（5）下载并在你的个人计算机中安装最新版本的磁盘擦除软件，并用它擦除 USB 中的内容。警告：磁盘擦除是不可恢复的。

下载地址：http://www.diskwipe.org

（6）下载文件恢复软件并安装在与你的个人计算机相连接的 USB 中，通过删除在回收站的文件来测试它。注意该文件的数据（名称、扩展名、大小、日期）。

（7）在 snapfiles.com 下载 GNU 提供的最新版本的 TrueCrypt 并安装在你的个人计算机中，最好是在 USB 中，用它创建文件。警告：在其他地方记录下密码以防你会被锁定。

（8）下载并安装一个键盘记录器（下载地址是 http://www.drpupcdata-manager.com），查看生成的报告。

下载并安装一个按键扰码器（下载地址是 http://www.qfxsoftware.com），查看扰码器工作及不工作的报告。

（9）对 5 个市售的加密软件进行比较研究。

（10）下载并使用文件加密程序（下载地址是 http://www.nchsoftware.com/ encrypt/index.html），并对 5 种不同类型的文件进行加密。

（11）从 http://www.ultradefrag.sourceforge.net/下载 Ultra 磁盘碎片整理器，并使用它检查你的驱动器的碎片。如果有需要，整理你的硬盘。

（12）下载 Microsoft 基准安全分析器 2.2（对于专业人士），并分析你的个人计算机。写一份报告描述你的经验以及研究结果。

下载地址：http://www.microsoft.com/download/en/details.aspx?id=7558

（13）下载 C&A 密码分析器并确定你个人计算机的密码。写一份报告，说明你的经验以及结果。

下载地址：http://www.oxit.it

（14）对云端的电子邮件系统进行比较研究，确定其对组织的优势和劣势。

附录 8-A 最常见的粉碎算法

- 快速（1 个阶段）：最快的粉碎算法。你的数据被 0 覆盖。
- 英国 HMG IS5（基线）（1 个阶段）：你的数据被 0 覆盖（有核查）。
- 俄罗斯 GOST P50739-95（2 个阶段）：GOST P50739-95 粉碎算法需要被随机字节跟随的 0。
- 英国 HMG IS5（增强型）（3 个阶段）：英国 HMG IS5（增强型）是一个 3 阶段的覆盖算法，第 1 阶段写 0，第 2 阶段写 1，最后阶段写随机字节（最后阶段是被验证的）。
- 美国陆军 AR380-19（3 个阶段）：AR380-19 是一个由美国陆军发布的文件分解算法。AR380-19 是一个 3 阶段的覆盖算法，第 1 阶段写随机字节，第 2 和第 3 阶段写某种字节（最后阶段的核查）。
- 美国国防部 DoD 5220.22-M（3 个阶段）：DoD 5220.22-M 是一个 3 阶段粉碎算法，第 1 阶段写 0，第 2 阶段写 1，最后阶段写随机字节。所有阶段都有核查。
- 美国国防部 DoD 5220.22-M（E）（3 个阶段）：DoD 5220.22 -M（E）是一个 3 阶段粉碎算法，第 1 阶段写某些字节，第 2 个阶段写补充，最后阶段写随机字节。
- NAVSO P-5239-26（RLL 的）：NAVSO P-5239-26（RLL）是一个 3 阶段覆盖算法，是最后阶段的验证。
- NAVSO P-5239-26（MFM）：NAVSO P-5239-26（MFM）是一个 3 阶段覆盖算法，是最后阶段的验证。
- 美国国防部 DoD 5220.22-M（ECE）（7 个阶段）：DoD 5220.22-M（ECE）是 7 阶段的覆盖算法，第 1、第 2 阶段写某些字节，接下来 2 个阶段写 1 个随机字符，接下来 2 个阶段写 1 个字符，最后阶段写 1 个随机字符。
- 加拿大 RCMP TSSIT OPS-II（7 个阶段）：RCMP TSSIT OPS-II 是一个 7 阶段的覆盖算法，有 3 个 0 和 1 的交替模式，最后阶段写 1 个随机字符（最后阶段的验证）。
- 德国 VSITR（7 个阶段）：要求各部分被 3 个交替的 0 和 1 覆盖，最后阶段带有 1 个字符。
- 布鲁斯·施奈尔粉碎算法有：7 个阶段，第 1 阶段写 1，第 2 阶段写 0，接下来 5 个阶段写随机字符。
- 彼得·古特曼粉碎算法：有 35 个阶段。

Cyberspace
and
Cybersecurity

第 9 章

网络空间和法律

Cyberspace and the Law

网络空间是现今法律前沿的重要一部分

Cyberspace is today one of the great legal frontiers.
——*Stein Schjolber*

9.1　引言　Introduction

随着网络空间和电子商务在 20 世纪 90 年代中期的出现,网络犯罪也日趋严重。直到 2012 年,网络犯罪事件的数量以及损失以每年翻一番的速度在增长。事实上,不可能真正量化网络犯罪,因为大多数受害者只看到公开宣传自己无力抵御这个现代威胁所造成的更多的损失。然而,值得注意的是,被抓获的绝大多数犯罪分子已经认罪,这是因为收集的证据(网络流量记录)不可辩驳。

关于网络犯罪法的颁布,考虑到不同形式的网络犯罪相对多变的特性与新技术同步发展的速度,条文需要有一定的灵活性。[1]任何在各国国内被执行的国际条约需要适应相应的国内立法[1]。然而,建立具有相同犯罪行为定义(和)安全程序的国际条约是不容易[1]。"

虽然没有人会不同意建立有效的反网络犯罪的措施,但是任何此类措施都不应侵犯隐私和个人自由。

9.2　国际法律　International Laws

世界各地的立法者和执法机构都倡导用网络语言编写网络法的必要性。网络法是明确定义网络犯罪并全力支持网络证据受理的法律。响应这一号召的国际机构召集专家起草条约,但令人遗憾的是,这些条约无法得到约定成员国的全盘接受。

只有当国内起草和批准实现已签署国际协议意图的法律时,一个国家参与特定国际协议才能变得有效。表 9-1 反映了网络法律已被纳入国家立法机构中的程度。当然，随着时间的推移，越来越多的国家将会颁布网络法律。本表正反映了目前的评估水准。

表 9-1   全球的网络立法概况

广泛	显著	最低限度
澳大利亚	巴西	比利时
加拿大	智利	冰岛
爱沙尼亚	中国	爱尔兰
印度	捷克	意大利
日本	丹麦	马耳他
毛里求斯	希腊	新西兰
秘鲁	马来西亚	挪威
瑞典	荷兰	菲律宾
英国	波兰	南非
美国	西班牙	土耳其

9.2.1   欧洲   Europe

在欧洲，欧洲委员会在 2004 年接受了一份关于网络犯罪的条约草案[2]，该条约提供给世界各国。虽然许多国家签署了[3]该条约，但只有少数国家切实颁布了与该条约相匹配的国内法律。该条约的第 47 条规定："废约通知：任何一方可通过通知欧洲理事会秘书长随时退出本'公约'。"第 27 条规定："互助请求应按照请求方指定的程序执行，除非不符合被请求方的法律。被请求方可拒绝提供协助。[2]"

2006 年晚些时候，一个有争议的附加条款[4]被添加到吸引更少签署国的条约中。附加条款涉及在互联网上的仇外担忧。总而言之，欧洲理事会的立法倡议为许多国家的网络犯罪立法开了先河，做了表率，并被用来推动联合国的类似条约的颁布。

9.2.2   联合国   United Nations

2010 年，联合国收到建议为联合国会员国起草网络空间条约的提案。经过广泛的辩论，该提案被拒绝，因为它包含了一些不可接受的条款。有争议的条款如下所示：

➢   该提案的第 2 条表明该条约具有超越各国法律的地位："威胁

和平及安全的严重网络犯罪应在以联合国网络空间条约为准的国际法下管理，无论这些行为是否触犯了国内的法律。"[5]这段话被认为是含糊不清的并侵犯国家主权。

➤ 条款 3.8.2 提到了欧洲联盟条约，说"互联网流量和交易数据，通常源于通信、电子邮件和网站访问，数据保留的目的是流量数据分析和数据监控"。该提案意味着数据应予以保留"为期六个月至两年"。本条款遭到许多当地和国际公民自由组织的反对[5]。

➤ 第 4 条是最有争议的。该条款要求会员国接受国际刑事法院[6]作为网络犯罪的最高裁定者，说："犯任何罪行的任何人……将由国际刑事法院起诉……最高刑期为 30 年，也可能被判处无期徒刑"[5]。

因此，联合国虽是理想的交流想法、相互讨论的国际论坛，但不是理想的国际共识的缔结者。在签订全球性的条约前，双边或区域协定往往就足够了。欧洲刑警组织就是一个例子[7]。

9.2.3　北大西洋公约组织　North Atlantic Treaty Organization

北大西洋公约组织[8]，简称北约，以国防和安全为重任，也把目光投向网络安全领域。北约的网络安全中心网站上，有一篇文章指明"全球网络安全值得北约注意"[8]。北约的关注点是网络恐怖主义和网络战争，但网络犯罪是该组织网络安全政策的一部分。

虽然在北约的许多成员国中，互联网被广泛使用，但互联网在他们的国家安全中不起作用，也不构成绝对的社会或经济支柱。因此，各成员国对于投资打击网络恐怖主义、网络战争的态度不是一致的，考虑到"（会员）国普遍不愿从事（代价高的）国际约束力举措"[9]。2011年在里斯本，各国元首和政府首脑采纳的北大西洋公约组织成员国的防务和安全联盟战略构想，对网络安全问题进行了如下讨论[10]：

"第 12 条：网络攻击变得更加频繁，更加有组织性并对政府机关、企业、经济造成更大的损害，并可能损害运输、供应网络和其他关键的基础设施；它们可以威胁国家和欧洲-大西洋的繁荣、安全和稳定。外国军队和情报工作，有组织的罪犯、恐怖分子和/或极端主义团体都可能成为这种攻击的来源。"

该联盟在爱沙尼亚的塔林设有卓越的网络安全防御中心，它的使命是"加强北约内部和其合作伙伴之间的网络防御信息的共享，并成为北约、北约会员国和合作伙伴中的网络防御领域的专业知识之源"。[11]

最近，在该中心的网络安全会议上，提出以下 10 个规则作为主权国家有效的网络防御的基石。[12]然而，第 2 条条例是完全不可接受的，因为它把流氓或秘密组织在该国造成的行为怪罪到一个国家的公共部门上。

（1）属地规则（The Territoriality Rule）：位于一个国家的领土范围内的信息基础设施从属于该国的领土主权。

（2）责任规则（The Responsibility Rule）：网络攻击来源于国家领土内的信息系统的事实是该行为可归属于该国的证据。

（3）合作规则（The Cooperation Rule）：通过位于一个国家内的信息系统进行网络攻击的事实已使得该国有与受害国进行合作的责任。

（4）自卫规则（The Self Defense Rule）：每个人都有自卫的权利。

（5）数据保护规则（The Data Protection Rule）：监测数据的信息基础设施被视为个人，除非另有规定（欧盟的普遍解释）。

（6）防护规则（The Duty of Care Rule）：每个人都有责任对他们的信息基础设施实施合理的防护。

（7）预警规则（The Early Warning Rule）：有义务通知潜在的网络安全受害者。

（8）访问信息规则（The Access to Information Rule）：公众对威胁他们的生活、安全和福祉的情况有知情权。

（9）犯罪原则（The Criminality Rule）：每个国家都有责任将最常见的网络罪行纳入其刑法中。

（10）授权规则（The Mandate Rule）：一个组织的执行能力来源于对它的委托授权。

9.2.4　国际刑警组织　INTERPOL

国际刑警组织"是世界上最大的国际警察组织，有 190 个具有（优秀的）高科技基础设施技术和业务支持的成员国"。[13]国际刑警组织在训练全球的执法机构中发挥着主导作用，用最好的方式来防卫网络攻击和恶意软件，专注于[14]：

➢　网络攻击的发展趋势分析；

➢　网络安全事件的数字取证工具的实用性；

➢　实证分析与恢复技术；

> ➤ 恶意软件和僵尸网络的技术分析。

国际刑警组织是在防御前线保持一个网络安全的国际联盟（执法机构），其目标是：

> ➤ 通过区域合作小组和会议促进成员国之间的信息交流；
> ➤ 提供建立和维护专业标准的培训课程；
> ➤ 协调并协助国际业务；
> ➤ 建立全天候、全球性的为网络犯罪调查服务的人员名单；
> ➤ 通过研究和数据库服务协助成员国在网络攻击或网络犯罪事件中的调查；
> ➤ 与其他国际组织和私营部门机构发展战略伙伴关系；
> ➤ 识别新出现的威胁并与成员国分享这一情报；
> ➤ 为访问信息和文件提供一个安全的网站。

9.2.5 网上执法障碍
Impediments to Cyber Law Enforcement

起草并签署国际条约，并希望随后颁布有效解决网络犯罪的国家法律，这仅仅是打击网络犯罪的第一部分。第二部分是将网络犯罪分子从社会中去除。目前，有几个方面需要限定或改善，下面列出一部分：

（1）国家官僚机构（National Bureaucracy）。大多数国家的法院系统超负荷，一个案件要拖到指控生效的一年或两年后。到那时，如果被告人有罪，可能会有更多的网络犯罪行为。

（2）熟悉网络的法官（Cyber-Skilled Judges）。网络中犯下的罪行常常涉及网络入侵和安全侵犯，这些行为是复杂欺诈计划的一部分。没有接受过特殊和持续训练的法官会不明白为何被告是有罪或是无辜的。

（3）证据认证（Authentication of Evidence）。被告本身的电子邮件地址不一定是一个证明有罪或无罪的证据。

（4）证据缺失（Loss of Evidence）。犯罪罪行和犯罪案件的法庭听证会之间的长时间间隔可能会丢失或更改相关电子证据。

（5）获取证据（Access to Evidence）。证据可能在国外的服务器中，可能需要特殊的数据引渡条款。

（6）综合立法（Comprehensive Legislation）。由于网络犯罪计划超前法律执行几个月，执法过程中会有延迟。

（7）网络犯罪调查者（Cybercrime Investigators）。随着互联网的火

爆及相应网络犯罪数量的激增，世界上没有一个国家有足够的网络警察来追查每一个被指控的网络犯罪案件。

从所有标准来看，网络法律制度仍处在不成熟的萌芽状态。然而，它正得到改善，并很有希望在不久的将来遏制网络犯罪。

9.3　与网络相关的美国法律
Cyber-Related Laws in The United States

在网络空间出现之前，还有另外一个空间 —— 数据空间。随着半导体物理和化学的发展，模拟计算机发展到数字计算机，并且硬件规模开始减小，逐步达到目前的规模和计算能力。

数据空间 —— 信息的数字存储时代始于 20 世纪 60 年代，在 20 世纪 70 年代中期达到鼎盛。许多企业开始有了小型计算机以满足他们的业务和会计需求，同时对数据隐私和计算机安全开始关注，从而促使美国颁布了保护数据、隐私和国家安全的法律。表 9-2 显示了美国颁布的与数据有关的部分联邦法律。接下来重点对粗体显示的法律进行阐述。

表 9-2　美国颁布的与数据相关的联邦法律

年份	名称	年份	名称
1970	公平信用报告法	1996	健康保险流通与责任法案
1974	**隐私法**	1998	儿童网上隐私保护法
1974	家庭教育权利和隐私法案	1999	格雷姆-里奇-比利雷法案
1978	外国情报监视法案	**2001**	**美国爱国者法案**
1978	金融隐私法权	2002	无恐惧法案
1984	有线宽频通信政策法	2002	萨班斯-奥克斯利法案
1986	电子通信隐私法	2002	国土安全法
1987	**计算机安全法**	2002	机密信息的保护和统计效率法
1988	视频隐私权保护法案	**2002**	**联邦信息安全管理法案**
1994	司机的隐私保护法	2007	保护美国法案
1994	**通信协助法律实施法案**	2008	健康信息隐私和安全法案
1996	资讯自由法	**2009**	**网络安全法案**
1996	电信法	**2011**	**人权法案的商业隐私条例**
1996	克林杰-科恩法案		

9.3.1 人权法案的商业隐私条例（2011 年）
The Commercial Privacy Bill of Rights Act[15]

颁布该法案的目的是"在联邦贸易委员会的支持下，建立一个监管框架来全面保护个人资料以及用于其他目的"。人们已经认识到：

> ➢ 个人身份信息的扩散引起了人们对数据隐私、数据安全以及同样重要的数据完整性。

> ➢ 个人身份信息的错误收集、存储、分配和使用已经导致各种各样的犯罪，主要是网络犯罪，对值得信赖的电子商务的增长造成不利影响。

> ➢ 需要一个法律框架来提供统一、全面的关于个人身份信息处理的政府立场。

美国立法委员起草并制定了该法律，指示 50 个州的总检察长和联邦贸易委员会建立一个全国统一的具有详细规则的法律制度来全面保护个人身份信息。该法的重点如下：

> ➢ 问责（Accountability）：该法所涵盖的所有实体 —— 个人身份信息的持有者必须对数据保管有管理问责制。在目前的情况下，管理以卜数据的问责制是指有关收集、处理、存储、物理和虚拟安全性、第三方归类以及被归为个人身份信息数据使用的政策。

> ➢ 隐私设计（Privacy by Design）：在数据的各个方面，处理数据隐私必须是首要关注的。"在数据的整个生命周期，适当的管理程序和做法"可以完成这一目标。

> ➢ 透明度（Transparency）：网络空间和其他地方的数据采集器，必须"向个人提供清晰、简洁和及时的通知"，即关于收集的个人身份信息的管理。

> ➢ 个人参与（Individual Participation）：个人身份信息的持有人必须向个体提供健壮、清晰和显著的机制，来允许或禁止使用他们的个人身份信息，并能够在任何时候改变此状态。

> ➢ 数据最小化（Data Minimization）：在服务的过程中收集的涉及个人的数据必须尽量减少。

> ➢ 信息分布的约束（Constraints on Distribution of Information）：

个人身份信息的收集者将这些数据传递给第三方，必须按合同要求这些第三方完全遵守这项法律的数据管理。此外，转让个人身份信息数据给不可靠的第三方是被禁止的。

➤ 数据完整性（Data Integrity）：个人身份信息的收集者必须尽一切努力，通过适当的政策、做法和机制保证"个人身份信息是准确的。（尤其是当这些信息）可以被用来损害消费者利益或造成重大伤害时"。

➤ 执行和处罚（Enforcement and Penalties）：此法由联邦贸易委员会颁布并执行。处罚应当根据侵权行为的程度和这些违法行为的时间长度来实施。

➤ 安全港条款（Safe Harbor Provisions）：该法律赋予联邦贸易委员会制定安全港计划的权利。安全港是一个法律术语，指的是对某些法律责任条款的修改、减少或删除。这种法律义务的豁免是为了更大的利益。只要这部法律的目的，也就是保护个人隐私的目的仍然有效，那么这样的方案在法律权限下适用于数据收集者。

2011年颁布的《人权法案的商业隐私条例》，虽然它本身对个人身份信息的管理并不提供具体规则，但它授权负责贸易且最适合这项任务的联邦贸易委员会设计规则和措施，这些规则和措施将最终保护个人身份信息并减少信息滥用和网络犯罪。

9.3.2　网络安全法（2010年）The Cybersecurity Act[16]

颁布该法的目的是"确保在美国国内以及和全球的贸易伙伴的业务持续性，通过安全的网络通信，为持续发展和利用互联网和内联网通信等用途做好准备，为信息技术专家的框架发展做好准备，以改善和维护有效的网络安全防御，反对破坏，并用于其他目的"。人们已经认识到：

（1）网络空间是美国社会的有机组成部分和生活各方面非常重要的基础设施，白宫将其看作国家战略资产。

（2）互联网不像想象的那么安全，这一方面是因为它的重要性和对美国的价值，另一方面是因为日益增长的网络犯罪和恐怖袭击的威胁。

（3）国家安全战略的需要，以及增加网络安全专业人士的质量和数量。

在上述问题的驱使下，美国国会议员起草并制定了这部法律，并在大多数情况下由美国总统而不是一个政府机构进行实施。下面是这部法律的要点：

> 认证（Certifications）。此法说明了对于合格的网络安全专业人员的需要，而先决条件是"网络安全的评估、培训和认证计划"。

> 网络安全奖学金（Cybersecurity Scholarships）。此法要求国家科学基金会"建立一个联邦网络奖学金的计划，招募并培训未来新一代信息技术专业人员"。计划是每年为网络安全项目提供 1000 名研究生和本科生的全额奖学金。此外，在高中学生中寻找人才，"在初中和高中里，促进计算机安全意识"。

> 网络安全比赛（Cybersecurity Competitions）。此法要求国家标准和技术研究院建立网络安全比赛和其他有奖品的挑战赛，为"联邦信息技术力量吸引、识别、评估和招聘人才，（并为了）刺激应用网络安全研究进行创新"。

> 网络安全人力计划（Cybersecurity Workforce Plan）。认识到网络安全需要网络斗士，此法是为每一个政府机构提供网络防御优质力量的计划。该计划应包括"网络安全需求、长期和短期的战略规划以解决关键技能的不足、招聘策略和网络安全的相关培训"，以保证网络空间安全。

> NIST（国家标准和技术研究院）的网络安全指导（Cybersecurity Guidance）。此法认可国家标准和技术研究院作为网络空间和网络安全领域的技术权威，并指示"促进可审计的私人部门开发网络安全风险的测量技术、风险管理措施和最佳做法"，然后可以作为评估网络安全防备的标准。

> 网络安全知识的发展（Cybersecurity Knowledge Development）。该法强调设计安全可靠的复杂软件密集型系统的专业人士的知识、技术不断发展的需要。这些系统能保证个人身份信息或合法交易的隐私。

> 网络安全咨询委员会（Cybersecurity Advisory Panel）。总统是实施该法的重点。该法要求设立由合格产业、学术、非营利组织、利益团体和倡导组织代表组成的委员会，"将在国家网络安全方案和战略上给予总统建议"。

2010 年颁布的《网络安全法》是开展网络安全意识计划的起点，该法案将通过政策、指导方针和广泛拨款发掘合格的捍卫公共以及私营部门并打击网络犯罪和网络战争的网络安全人才。

9.3.3　联邦信息安全管理法（2002 年）
The Federal Information Security Management Act[17]

在 1987 年，美国国会议员已发现数据处理和计算机使用的增加，就通过了一项法律 ——《计算机安全法（1987）》，提供一些基本的（按今天的标准）对安全和数据威胁的指导。2002 年，人们认识到威胁已以几个数量级激增，因此管理系统和数据安全需要一个统筹的方法。

联邦信息安全管理法建立的联邦机构和联邦承包商需要满足量化和可衡量的标准。该法指挥机构负责人建立并实施政策和程序以尽量减少风险和对政府信息系统的威胁。《联邦信息安全管理法》有设立必要标准的责任，有统一整个政府的信息安全标准的目标，以确保数据的完整性、可用性和安全性。

《联邦信息安全管理法》是信息安全规则衔接的里程碑，包括以下目标[18]：

> ➢ 提供全面的框架以确保对信息资源的安全控制，这些信息资源支持着联邦业务和资产。
> ➢ 为需要保护的联邦信息和信息系统提供最低控制的开发和维护。
> ➢ 为联邦机构信息安全方案的改进监督提供机制。
> ➢ 意识到特定硬件和软件信息安全解决方案的选择应由商业开发产品的各个机构来决定。

《联邦信息安全管理法》的关键点如下：

> ➢ 责任（Responsibilities）。该法赋予机构负责人所有责任以对机构保管的所有信息提供安全。安全级别应该"与风险和未经授权访问、使用、披露、破坏、修改或破坏造成伤害的严重性相适应"。
> ➢ 规划（Planning）。机构可以自由发展自己的安全方案来保护它们的信息，即使它们的信息不在自己的所在地上 ——适用于承包商和卫星站点。
> ➢ 报告（Reporting）。遵守该法的条款和精神将显示在年度报告中。这个报告是由各机构负责人准备的，将包括以下成员：

- 商务部的《联邦信息安全管理法》的主任；
- 关于政府改革和科学的内务委员会；
- 关于政府事务、商务、科学和运输的参议院委员会；
- 拨款委员会；
- 总审计长办公室（The Office of the Comptroller General）。总审计长办公室将证明"对信息安全政策、程序、做法和遵守联邦信息安全管理法要求的充分性和有效性"。

➢ 独立评估（Independent Assessments）。每年每家机构将有由该机构的监察长进行的独立的评估。"根据 1978 年颁布的《监察长法案》委派监察长，或委派一个由监察长决定的独立外部审计师进行评估。"

可以在网上查阅证券交易委员会于 2010 年发布的《〈联邦信息安全管理法〉报告》[19]。该报告由一个独立的承包商编制，包含监察结果以及加强证券交易委员会信息系统数据安全的具体建议。

9.3.4　美国爱国者法案（2001 年）The USA Patriot Act [20]

这一法案的目标是"制止和惩治美国和全世界的恐怖主义行为，增强执法调查工具及其他目的"。这部法律在美国遭受 9·11 袭击之后被提出和颁布。这是一部很有争议的法律，因为它以国家安全的名义限制以前公民享有的公民自由。下面是此法解决的问题，涉及信息的收集和处理[20]。

➢ 全国电子犯罪特遣队（National Electronic Crime Task Force）。认识到打击犯罪，特别是恐怖主义时信息的必要性，该法指示设立一个全国电子犯罪特遣队，以预防、侦查、调查各种形式的电子犯罪，包括潜在的对关键基础设施和金融支付系统的恐怖袭击[20]。

➢ 信息截取（Information Interceptions）。该法赋予美国政府机构权力"来拦截关于恐怖主义、计算机欺诈的电报、口头和电子通信，对可能有问题的语音邮件消息进行拦截"。[20]

➢ 披露记录（Disclosure of Records）。互联网服务提供商"可能泄露记录或与订户/客户有关的其他信息。如果供应商有理由相信紧急情况涉及死亡或严重人身伤害，需要毫不拖延地披露信息。[20]

> 电话推销诈骗（Telemarketing Fraud）。该法涉及慈善电话推销诈骗，并要求这些活动充分披露"慈善机构的姓名和邮寄地址"[20]。

2001 年颁布的《美国爱国者法案》主要关注协助联邦法律执法机构打击恐怖主义和金融犯罪的措施。虽然公民自由团体声称该法案的许多条款违宪，且该法案"扩大政府的权力以窥探人们很少或根本没有不法行为证据的私生活"[21]，但该法案已延长至 2015 年 6 月 1 日。

9.3.5　通信协助法律实施法案（1994 年）
The Communication Assistance for Law Enforcement Act [22]

1994 年颁布的《通信协助法律实施法案》，简称 CALEA，要求各电信公司向执法机构提供访问私人通信记录的服务。该法属于联邦通信委员会。"新兴技术，如数字和无线通信技术使执法机构越来越难执行授权监视，国会在 1994 年 10 月 25 日通过 CALEA。"不过，电信行业还没有设计也没建造出设施和服务来适应这种客观需要，需要额外的基础设施来"遵守 CALEA 的义务"。以下是该法的要点：[22]

> 要求（Requirements）。向公众提供服务的电信公司必须能够拦截"所有用户的电报和电子通信"。据说，提供给执法机构的这项服务必须有"法院命令或其他合法授权"。

> 合规成本（Compliance Cost）。显然，电信公司都不愿意承担为促进 CALEA 实施所安装设备的高成本。

> 加密（Encryption）。如果用户采用自己的加密技术，电信运营商则不负责解密"。除非加密技术由运营商提供，运营商拥有解密的必要信息。

> 能力（Capacity）。电信公司应保持拦截的能力，这将"根据设备类型、服务类型、用户数量、运营商类型或大小、服务区的性质或任何其他措施，最大限度地查明在特定地区所要求的能力"。

> 盗贼窃听（Rogue Eavesdropping）。为了保护政府的安全无线电通信，该法判定黑客"加密或使用调制技术的通信违法，这种调制技术向公众隐瞒该技术的基本参数以保留这种沟通的

隐私性"。

> 安全港（Safe Harbor）。在美国总检察长和联邦通信委员会管理下，可以在特殊情况下放弃遵守 CALEA。通常这种豁免只允许电信公司安装装备时延长有效期。

> 成本（Costs）。电信技术总是在进步，因此，部分公司遵守 CALEA 将使成本增加到不被收入支持。"首席检察官同意支付电信运营商为了符合 CALEA 进行修改而要支出的所有相关的合理费用。1995—1998 财年的授权拨款为 5 亿美元"。

> 处罚（Penalties）。支持执法机构的使命不是自愿行为，而是一项法律义务。该法规定"电信运营商，电信传输、交换设备制造商，或电信辅助服务供应商，没有遵守 CALEA 可能被罚款，每天最高 10000 美元"

公民自由团体都非常关注 CALEA，因为 CALEA 可能扩展到包含互联网电话。"这种扩张引起对公民自由的极大关注，因为它会要求网络电话提供商给所有的产品装上执法部门可访问和监视的后门，并很可能被黑客和犯罪分子滥用。"[23]

9.3.6　计算机安全法（1987 年）
Computer Security Act[24]

此法是 FISMA 的前身[25]，其目的是改善"联邦计算机系统敏感信息的安全性和隐私性，（并）为这样的系统建立可接受的最低限度的安全做法"。该法的一些关键点如下：

> 管理局（The Authority）。该法指出发展计算机安全需要的最低标准，并指定国家标准技术研究院在美国国家安全局的帮助下承担这一任务。

> 计划（The Program）。该计划将为计算机系统建立政策、标准、指导方针以及相关的方法和技巧，并为联邦计算机系统的敏感信息的安全和隐私建立技术、管理、物理和行政的标准和准则。

> 先前相关的法律（Prior Related Law）。此法还修订了 1949 年颁布的《联邦财产与行政服务法》，精简了 1987 年颁布的《技术和管理实务》。

> 培训（Training）。此法非常重视培训，规定"每个联邦机构应

提供关于计算机安全意识和全体员工的计算机安全操作的强制性定期培训"。培训应设计为：

- 提高员工对计算机系统的威胁和脆弱性的认识；
- 鼓励改进计算机安全操作的做法。

9.3.7　隐私法（1974 年）　The Privacy Act[26]

到 20 世纪 70 年代初，人们认识到交叉引用、交叉搜索数据库可很快导致各种各样的个人记录检索，应防止这种权力被滥用。对于非常担心技术导致更多的记录检索而不是记录保护的公民自由团体，这是一个胜利。该法的一些关键点如下：

➢ 披露条件（Conditions of Disclosure）。关键问题是个人信息披露。此法声明："任何机构不得以任何手段与任何人，或其他任何机构进行通信，披露系统中的任何记录，除非根据书面请求，或事先得到书面同意"。然而，官方将被允许使用披露信息。该条款旨在阻止非官方的个人信息的披露。

➢ 言论自由修正（Freedom of Speech Amendment）。此法中有一个很奇怪的条款（在机构要求的第 7 条），说"保持记录的各机构不应保留个人如何行使第一修正案保证的权利的记录，除非由法规或该记录涉及的个人明确授权，或与授权的执法活动相关"。简单地说，美国政府不应基于公民有多直言不讳来指控他们。

➢ 记录的准确性（Accuracy of Records）。考虑到准确性是记录最重要的属性，该法明确指示，机构必须"保留所有记录，保证准确、合理、及时和完整，这对于保证个人决定的公平性是很有必要的"。

➢ 邮寄列表（Mailing Lists）。在 20 世纪 70 年代初，数据自动化促进了用于商业用途的分类邮件列表的产生，于是，此法想要确保政府保管的个人资料没有被滥用。该法指出："个人的姓名和地址不可被出售或出租，除非法律特别授权这种行为。本规定不应被解释为要求予以公开时隐瞒姓名和地址"。

➢ 最低记录（Minimum of Records）。此法涉及私人无关数据收集的部分明确说明："维护记录系统的各机构应在其记录中只保持个人信息，这对完成该机构的目标是相关且必要的。"

9.4　网络犯罪　Cybercrime

网络犯罪是网络空间的副产品，给互联网为世界带来的美好抹了黑。网络犯罪在过去的二十年里不断增多，在 2009 年已造成超过 50 亿美元的损失。[27] "事实上，受到丰厚利润的诱惑，网络犯罪的创新和技术已经超过了传统安全模型和目前许多基于特征的检测技术"[28]。

一个新的地下产业已发展为网络犯罪中心。这些都是有多达 50 名员工提供互联网服务的合法公司，提供的服务从网站设计、网站推广到主机托管和域名注册。渐渐地，这些网络犯罪公司把成千上万的网络主机——连接到网络的计算机，变成其安装恶意软件的僵尸电脑。[29]

恶意软件的安装常常在虚假的幌子下进行。例如，他们在很多网站上向游客提供免费软件。实际上，这些软件都是恶意软件，会重新定向 DNS 指针误导该用户，从而危害用户的敏感数据。

令人惊讶的是，仍有相当数量的网络犯罪不是为了经济利益而仅仅是为了破坏。同样令人惊讶的是，许多组织把更多资源用到员工互联网滥用而不是网络保护。相对所需的资源，网络犯罪是最符合成本效益且不会有物理伤害的。随着新威胁不断被确认，不可能列出在网上犯下的所有罪行。

一个显而易见的事实是，有组织的犯罪集团正在取代个体黑客，增加网络防御开支也并不一定能增强网络安全，但对于风险的优先次序的防范可以增强安全性。章末的附录 9-A 列出了大多数在网上经常发生的犯罪活动。

9.4.1　网络毁谤的趋势　Trends in Cyber Abuse

趋势表明网络犯罪不是唯一的网络滥用行为，互联网中每天都存在很多非常新的非法行为。有很多没有考虑安全而存在网络违法行为的手机应用[30, 31, 32]。善良的用户下载并安装了应用程序，而不知道这些程序是否安全。其结果是恶意软件感染了源电话以及那些与他们沟通的电话，还可以非法访问用户的电话内容。表 9-3 列出了有上升趋势的网络滥用行为[28, 33]。

表 9-3　有上升趋势的网络滥用行为

网络犯罪中心（有组织犯罪） 　　恶意域名服务器 　　假 ISP（网络服务提供商）服务 　　广告替换 　　僵尸电脑发展	低估 　　潜在损害 　　防御费用 　　黑客
恐怖主义 　　通信 　　招聘 　　诽谤	洗钱 　　网上赌博 　　网上银行 　　网上投资
间谍 　　国际 　　产业 　　政治	网上银行 　　非法交易 　　恶意软件安装 　　电子帮凶
非法情报收集 　　国外 　　国内 　　业务 　　个人	地下经济 　　信息 　　记录 　　恶意软件 　　键盘记录器
社会媒体的网络犯罪 　　假朋友 　　钓鱼 　　恶意软件安装 　　误导信息	企业需要增加 　　意识 　　准备 　　培训 　　犯罪侦查
验证欺骗 　　身份盗窃 　　网址误导	未报告活动 　　记录损失 　　记录披露

9.4.2　打击网络犯罪　Combating Cybercrime

　　与网络进行连接本身就存在漏洞。因此，按需连接网络是种好方法。网络犯罪的易发生已经将奇妙的互联网变成了一个雷区。然而，有意识地使用本章提到的防护软件，可以最大限度地减少风险。打击网络犯罪的思路与其说是最大化安全，不如说是最小化风险。这两个概念有微妙但重要的差异，其中前者是手段，而后者才是真正的目标。

在企业层面，网络安全不应被看作一个技术工作，而是高层管理人员的责任，应委派该组织的首席安全官负责。因此，网络安全应该是高层最重要的项目。

有许多能过滤可疑网站，只允许使用指定网站和电子邮件联系人的网络犯罪防护软件。这样的软件提供"入站和出站的信息安全，（高度）有效的反垃圾邮件和防病毒保护，先进的内容过滤，数据丢失预防和为电子邮件加密[34]"。从安全的观点来看，没有企业网络活动可以被认为是不重要的。然而，由于日益猖獗的网络犯罪，某些活动需要特别注意。密码管理就是一个好例子。虽然有很多由于密码遭到破解而引起的网络犯罪，但至少这种类型的网络犯罪可以通过部署一次性密码进行打击[35]。表 9-4 列出了四个网络犯罪的薄弱环节。

表 9-4　网络空间交互的薄弱环节

领　域	担　忧
访问管理	访问凭据和访问机制的管理，如密码、代码、用户名的发放和一次性密码的部署
网络应用程序	网上交易、网站导航、内部网门户、登录系统、跨网通信和合作工具、安全设置
无人值守的输入设备和装置	自动取款机、有 RFID 通信的卡、Wi-Fi 访问、USB 设备
移动电话和固定电话	智能电话、移动电话服务、自动交互——语音或键控、自动语音应答

打击网络犯罪的防御措施有两个方面。首先是我们的技术防御。也就是说，在我们的计算机中安装最佳反病毒软件。有很多有名的可用于智能手机的软件[36]。不幸的是，网络犯罪的恶意软件在技术上领先安全行业三至六个月。其次是我们对于网络欺诈的警惕意识，要避免落入网络犯罪的陷阱。

例如，有提供梦幻般产品或服务的网站。有些从你的信用卡上扣钱后永远不会送货。在这种情况下，你要提醒信用卡公司并尝试获得退款。但也有其他的欺诈性电子商务网站，在你下订单后发现缺货，你的信用卡也不会被扣钱。事实上，你的信用卡凭据被出售给网络犯罪分子。"技术不能完成所有的事，剩下的是教育和警惕起作用。"[37]有许多致力于打击网络犯罪的组织，而我们自己对于其存在的意识是很重要的。附录 9-B 列出了一些打击网络犯罪的突出组织。

犯罪的负担加在受害人的肩膀上。例如，如果有人用假卡欺骗自动取款机窃取你的账户资金，责任将在银行身上。但是，如果有人利用击键采集器破解你的银行密码并攻击你的账户，银行可能会拒绝"赔偿损失，因为登录是真实的。银行不负责客户计算机的完整性[38]"。

9.5　练习　Exercises

（1）写一份 500 字的报告，总结 *Directive 2002/58/EC of the European Parliament and of the Council*。

网址：http://eur-lex.europa.eu/LexUriServ/LexUriServ.do?uri=OJ:L:2002:201:0037:0037:EN:PDF

（2）写一份 500 字的报告，总结这篇名为 *Cybersecurity Challenge* 的演讲。

网址：http://www.nato.int/nato_static/assets/audio/audio_2010_02/20100202_100202-jamie-lecture6.mp3

（3）写一份 500 字的报告，总结 *Global Cyber Deterrence*。

网址：http://www.ewi.info/system/files/CyberDeterrenceWeb.pdf

（4）写一份 500 字的报告，总结 *Terrorism in Cyberspace –Myth or reality*?

网址：http://www.cybercrimelaw.net/documents/Cyberterrorism.pdf

（5）研究在 JPEG 文件的哪里可以隐藏可执行代码的问题，总结你的发现并撰写一篇报告。

（6）用 10 张幻灯片演示 1970 年颁布的《公平信用报告法》的关键点。

（7）用 10 张幻灯片演示 1994 年颁布的《司机的隐私保护法》的关键点。

（8）用 10 张幻灯片演示 2002 年颁布的《联邦信息安全管理法案》的关键点。

（9）用 10 张幻灯片演示 2002 年颁布的《国土安全法》的关键点。

（10）用 10 张幻灯片演示 2002 年颁布的《萨班斯-奥克斯利法案》的关键点。

附录 9-A 网络犯罪活动

活 动	描 述
网络诽谤	在聊天、博客和网站中张贴虚假信息
网络跟踪	通过不受欢迎地访问有相关信息网站来跟踪一个人的活动
网络欺凌	通过网络进行匿名威胁
病毒传播	通过电子邮件或网站安装恶意软件
假冒	通过电子邮件或聊天假装别人
身份盗窃	收集足够多的其他人的个人信息来冒充他们的身份
假拍卖	出售有价值的产品,管理拍卖,收取费用,但从来没有兑现
庞氏骗局	从来没有实现的高回报承诺的投资
假彩票	收费但从来没有中奖可能的彩票
假冒商店	假冒的电子商务网站
滥用信用卡	使用有效的信用卡或借记卡进行未经授权的消费
假服务	典型的有:占星术、技术咨询、私人调查、家谱、防病毒软件

附录 9-B 部分打击网络犯罪的组织

组织及网址	活 动
卡耐基梅隆大学计算机应急响应团队(CERT)http://www.cert.org	协调中心 ·接收互联网上的安全问题报告; ·分析产品漏洞; ·发布技术文档; ·介绍培训课程
联邦计算机事件响应中心(FedCIRC)http://itlaw.wikia.com/wiki/Federal ComputerIncidentResponse Center	国土安全部信息分析和基础设施保护局的一部分。 ·为联邦民用机构提供技术援助; ·提供协调和分析支持并鼓励安全产品和服务的发展; ·促进联邦机构之间在计算机安全机构通信警报和咨询信息的合作
互联网风暴中心 http://www.incidents.org http://isc.sans.edu/index.html	互联网风暴中心为成千上万的互联网用户和组织提供免费的分析和预警,并积极与互联网服务供应商合作打击大多数恶意攻击者
达特茅斯学院的安全技术研究所 http://ists.dartmouth.edu	一个开展反恐技术研究、发展、评估,专注于网络攻击研究的重点国家中心

组织及网址	活　动
国家基础设施保护中心（NIPC） http://www.nipc.gov	一个开展威胁评估、预警、调查，应对网络攻击的中心。其使命的一个重要部分涉及建立机制以增加政府和私营行业之间脆弱性和威胁信息的共享。
系统管理、网络和安全研究所 http://www.sans.org	该研究所是一个合作的研究和教育机构，机构的系统管理员、安全专家、网络管理员分享经验教训。SANS 提供系统和安全警报，新闻更新，以及对反恐技术进行研究、发展、评估，专注于网络攻击的教育中心。

Cyberspace
and
Cybersecurity

第 10 章

网络战争和国土安全

Cyber Warfare and Homeland Security

胜利和失败都远未在网络空间中

Victory and defeat are far from being recognizable in cyberspace.

——Paul Comish

10.1　引言　Introduction

　　网络空间是一个独特的支持社会各方面的领域,因此该空间的安全对所有政府都是绝对重要的。每个国家都设立了与空间安全有关的政府机构。同样,美国的国土安全部,除了承担其他很多职责,也与其他政府机构合作,负责网络安全。

　　国土安全部已认识到有必要建立一个"弹性网络生态系统"[1],也就是说,网络空间不是一个孤立的支持系统,而是一个多维的生态系统,以弹性的方式避开威胁或失败的可能。此外,生态系统的防御必须是彻底和"自动化的集体行动[1]"。也就是说,网络空间的安全是自动化的,因为不可能有人为干预的停止→检查→决定的过程,这个过程太慢。网络空间防御系统必须以电子的速度执行其采取的决定,这些行为是集体的,意味着它们在分布式信息中心进行实施。在这种情况下,"网络节点的人工智能将识别并避免实时威胁"[2]。

　　网络空间正在生活中的每个方面变得越来越重要。网络提供了前所未有、不可替代的便利,使社会离不开它。我们有两个选择:要么拒绝使用网络空间并为这一选择付出代价 —— 孤立和效率低下,要么充分享受无限的利益,充分认识到除非我们采取一切必要的预防措施,否则它的失败可能是灾难性的。国土安全部已充分认识到困境,而且正在稳步提高其经验和专业水平以试图实现网络空间的安全。

10.2　网络战　Cyber Warfare

网络战是当对手认为其可以得到优势时就会尝试利用的敌对活动。"简单来说，网络战是多方面冲突环境中一个新的但并非完全独立的组成部分。"[3] "现在的网络空间中，聪明的对手利用漏洞制造事端，快速窃取身份、资源。"[1]在网络战中，很难说谁占上风，因为没有人知道在网络空间到底有多少"洞"。在战争情况下，网络空间是包括互联网以及电磁波的电子空间。很多次网络袭击都没有明确的政治或军事对手[4]。

所有大国——英国、法国、德国、俄罗斯和中国都以各种不同的方式承认已纳入"网络战争作为军事政策新的组成部分"。法国寻求经济网络战争在追求国家目标方面的合法作用。俄罗斯人认为"对网络战争的任何回应被认为是有道理的[5]"。有人认为"俄罗斯保留了使用核武器反击信息化战争，反击侵略者的权利"。[6]中国将网络空间视为另一个战场并已建立了专门的"网络蓝军[7]"。

1982 年发生在西伯利亚的天然气管道爆炸[8]被称为网络第一战。据西方媒体报道，事件的发生是破坏管道系统的 SCADA 系统的结果。SCADA 系统指的是监控和数据采集系统。这是一个监督和控制工业生产过程的计算机系统。图 10-1 显示了典型的管道控制 SCADA，主要控制室具有双向通信的远程站点。

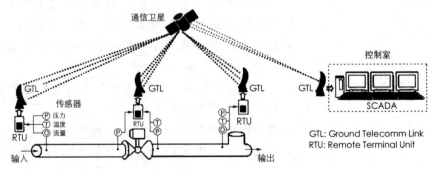

图 10-1　远程监控和数据采集系统（SCADA 系统）[12]

一边说："一个木马程序被插入到 SCADA 系统软件，这造成了 1982年横贯西伯利亚的大规模的天然气管道爆炸。"[9]这个木马程序使"泵速和阀门设置产生远远超出那些管道接头和焊缝可接受的压力"。[10]另一边声称"这是由于建设质量不过关,而不是破坏造成的[11]"。

如果它的确像轰炸一样是一种敌对行为,那么美国发动这样的战争是不对的,苏联可以利用所有的法律和道德进行批判。正因为网络战的受害者很难证明网络攻击者的身份,所以未来将充满网络攻击。如果在上述西伯利亚管道事件中,案件的攻击者承认犯罪行为,那么受害者完全有权索求赔款。因此,在网络战中,如果坚实的证据不指向有罪的一方,一旦认罪方承认,没有什么能够阻止获取赔偿的权利,或在国际法庭上证明该行为的起源。一旦蓄意破坏网络行为的肇事者被确定,网络中的受害者 —— 个人或国家,都有获得赔偿的权利。

网络空间将在未来发挥重要的作用,所有大国都已命令创建网络军队,准备迎接攻击或捍卫时刻的到来。曾有人说,网络空间是一个均衡器,在这个意义上,任何人都可以提出一个功能强大的网站和不知道的网站背后的完整组织。同样的,网络战争也是一个均衡器,在这个意义上,军事、经济或政治力量无法发挥作用,而恶意软件是唯一的兵工厂。通过网络战,一般的政治目标是在没有军事对抗的情况下实现的。

表 10-1 列出了一些可以被认为是网络战的公开网络攻击。在所有情况下,特定的主权国主导这些攻击都是不争的事实。但必须承认,攻击的 IP 来源和完成的目标(如果有的话)都不可以绝对地将这些攻击与政府相联系。大多数指控都只是合理的猜测。

网络战的一个薄弱环节是电信制造商帮助执法机构打击犯罪。暗门,是安全术语,指的是绕过安全认证和/或授权程序的一种机制以获得无限制的资源访问。这相当于一把锁的万能钥匙。考虑到无法保密有价值的信息,暗门代码或其他信息会泄露到敌人手中。

表 10-1　一些可被视作网络战的网络攻击

1999 年,俄罗斯 —— 美国 "据报道,美国海军的网站遭到支持塞尔维亚人的俄罗斯黑客攻击。黑客清除了海军信息,离开时留下了对美国极度下流的侮辱。" http://business.highbeam.com/409220/article-1G1-54299338/serb-supporters-sock-nato-and-uscomputers
1999 年,塞尔维亚 —— 北约 "南斯拉夫的战争已经蔓延到网络,塞尔维亚攻击了北约的计算机系统"。 http://news.bbc.co.uk/2/hi/science/nature/308788.stm

续表

1999—2001 年，印度——巴基斯坦 "克什米尔冲突中，双方的支持者使用网络战术来破坏对方的信息系统和进行宣传"。 http://www.dtic.mil/cgibin/GetTRDoc？公元= ADA395300
1999—2001 年，以色列——巴勒斯坦 "2001 年 1 月底，冲突使超过 160 个以色列网站和 35 个巴勒斯坦网站遭到攻击"。 http://usacac.leavenworth.army.mil/CAC/milreview/download/English/MarApr03/allen.pdf
2007 年，爱沙尼亚 "持续三个星期的大规模网络攻击，使爱沙利亚成为第一个已知的遭到此类攻击的国家"。 http://www.guardian.co.uk/world/2007/may/17/ topstories3.russia
2007 年，以色列——叙利亚 "据报道，叙利亚防空遭到网络攻击而瘫痪……" http://ipaperus.ipaperus.com/commondefensequarterly/CommonDefenseQuarterlySpring2010/
2008 年，格鲁吉亚 "对格鲁吉亚的网络攻击的方法主要包括公共网站的涂改和用分布式拒绝服务（DdoS）攻击众多目标"。 http://www.carlisle.army.mil/DIME/documents/Georgia%, 201%200.pdf
2009 年，吉尔吉斯斯坦——俄罗斯 "吉尔吉斯斯坦成为最新的遭到俄罗斯计算机网络攻击的国家，安全研究人员说，从 1 月 18 日开始的拒绝服务攻击扰乱了网络。" http://www.securityfocus.com/brief/896
2011 年，法国 "法国财政部已确认在 12 月遭到了针对 2 月在巴黎举行的 G20 峰会文件的网络攻击。" http://www.bbc.co.uk/news/business-12662596
2011 年，科索沃——塞尔维亚 "科索沃黑客攻击了属于塞尔维亚东正教教堂的网站。" http://www.balkaninsight.com/en/article/kosovo-hackers-kosovo-broke-into-serbian-web-sites

10.3 网络武器公约 Cyber Weapons Convention

大约一个世纪前，世界列强意识到核能也可用于破坏性活动。30

年后，两个核弹头的爆炸向世界展示了其破坏程度。在今天，世界列强正在发展防御和进攻性的网络武器，不断测试它们所有的可能性。又一次，与原子武器类似，一些"头脑冷静"的国家指出达成网络武器公约的必要[13]。公约（对国际网络空间武器控制条约）的签字国同意在公约禁止的情况下不使用网络武器[13]。

公开敌对行动的第一个受害者就是真理。毫无疑问，第二个受害者是网络空间。然而，与所有其他发射源不能被隐藏的武器不同，网络武器的发射源可以永远是未知的。最终，网络武器公约将被起草和签署，但难以执行，因为许多问题仍然没有答案，例如：

> 如何检查网络武器；
> 是否应该给网络武器的数量设限；
> 什么设施能免受这种攻击；
> 能否确定攻击的真实来源。

与所有其他类型的战争相比，网络战只有十多年的历史，并没有正式或非正式的"道德标准、规范和价值观可供采纳"[3]。

10.4　网络恐怖主义　Cyber Terrorism

恐怖主义是另一种类型的对抗，经常是发生在主权国之间的匿名攻击。通常情况下，恐怖主义涉及反对具体目标或无辜群众的直接或间接暴力行为，由与任何主权国家没有任何正式关联的团体发动。恐怖分子利用各种武器实现自己的目标，网络空间也是他们进行活动的区域。可以有把握地说：网络恐怖主义是使用网络空间实施暴力。网络的使用可能是实施犯罪行为的辅助手段。例如，一个恐怖组织维护一个网站为了"他们各种各样的目标 —— 筹钱，或显性或隐性地传播信息"。[14]速记是将邮件隐藏在无关文件中。例如，短信可在不明显影响图像观感的前提下被隐藏在图像文件里。

刘于恐怖主义来说，网络空间是最划算、最安全的武器。网络恐怖主义可被认定为：

> 国家支持型（State Sponsored）。截至目前，没有一个国家承认对他国进行网络敌对活动。这些通常是由针对特定敌方目标的高技术人才完成。
> 极端团体型（Extremist Groups）。这些团体将网络用于宣传、

招募、筹款，以及对他们认为的敌对目标进行攻击。这些团体属于下列类别：

- ·政治；
- ·宗教；
- ·民族；
- ·意识形态。

➤ 有组织犯罪（Organized Crime）。这些团体在一个特定领域有一定的专业知识，并用经济或人身威胁进行敲诈。他们的动机总是获取经济利益。

➤ 个人犯罪（Individual Crime）。个人进行网络犯罪，其动机可能是也可能不是获取经济利益。

网络可以成为黑客有效的工具。反网络恐怖主义的专业人员通过共同定义事件的 7 个主要参数来鉴别网络恐怖事件。它们是：

➤ 肇事者（Perpetrator）。进行网络恐怖主义行为的个人或团体。

➤ 行为（Action）：已经犯下或威胁将要犯下的恐怖网络行为。

➤ 网络资源（Cyber Resource）：

通常情况下有三部分：

- ·由 URL 定义的虚拟网络地址。
- ·由服务器或数据库确定的逻辑地址。
- ·数据存放的物理地址。随着云计算的出现，这个地址可能难以确定。

➤ 手段（Means）。攻击中使用的恶意软件或入侵技术。

➤ 网络的脆弱性（Cyber Vulnerability）。遭攻击的资源的安全薄弱点。

➤ 动机（Motivation）。

通常情况下有两方面：

- ·所谓"高尚"的动机；
- ·隐藏的不可告人的动机。

➤ 从属关系（Affiliation）。

通常情况下是这两个：

- ·声称为此事件负责的组织；
- ·怀疑是此次事件受益者的组织。

上述参数构成了事件分类的出发点。事件的范围可从涂改网站或对网站暂时的分布式拒绝服务到销毁公共记录或干扰电网控制。因为成本效益，很多关键基础设施利用互联网作为内网，而不是建立并维护自己的与互联网物理和逻辑分离的网络。

目前，一些发电部门使用了互联网，"随着近年来智能电网系统的进步和电力基础设施信息技术的加大使用，这种攻击很可能发生，特别是在大规模的情况下使用复杂的入侵技术[15]。"图 10-2 显示了电力公司的四大部门。对发电部分的攻击可能会导致大型发电机组的破坏，造成停电和人员伤亡[16]。对分配和控制部分的攻击可能会使大量地区停电，而对数据处理部分的攻击可能会破坏重要的不能恢复的记录。

专家说"单击鼠标可使整个城市陷入一片黑暗"[17]，并已督促电力公司"断开电网与互联网的连接"。[18]专家指出，"任何国家的关键基础设施 —— 通信、电网、供水、煤气管道、军事等等，它们的网络必须与互联网无关。这些基础设施必须有自己的内部网，只能从选定处安全访问。"[19]此外，美国网络司令部司令提到电力网的网络漏洞时指出："互联网上的网络攻击正从数据盗窃发展成人身攻击。"[20]具有破坏性的网络恐怖袭击可能发生在现实中，所以需要采取一切措施来预防它。

考虑到恐怖主义通常是主权国家的"左手"，网络恐怖分子是虚拟的公务员，受过训练并技术娴熟，尽管不比合法执法人员多。网络空间的恐怖主义正处于起步阶段，而其行为的危害性最终将会超过现实行为。

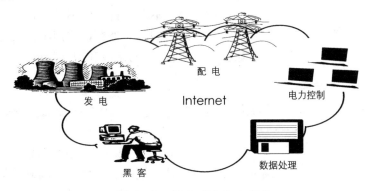

图 10-2 黑客威胁发电系统

10.5 网络间谍 Cyber Espionage

在许多情况下，网络使间谍的危险性变小，更有价值，它是"最流行的网络活动之一"。[3]为了方便访问和实现成本效益，组织经常使用互联网作为他们的内网。因此，其数据经常遭到非法访问并受到损害。组织有时设置"蜜罐"来引诱网络间谍，从而揭示他们的来源。"蜜罐"是网络安全中的术语，指网站上用来误导间谍并揭示其 IP 地址的具有虚假信息的文件。

这些间谍可能来自政治、军事、工业、商业或个人，以非法或未经授权的方式努力获取信息。网络间谍悄悄探听了几十个国家和组织的正式记录，并在 2006—2011 年入侵的事已被公之于众[21]。这些国家包括美国和越南，组织则包括奥运会委员会。令人惊讶的是，这个网络间谍活动是由一台计算机完成的。所有网络受害者 IP 的反侦查证实了这一点。

经济间谍活动的上升是因为使用此类信息可能会带来大量利润[22]。通常情况下，网络间谍不使用密码，因为很难得到这样的信息。网络间谍活动始于给敏感信息的保管人（如公司的 CEO）发电子邮件，且发件人往往假冒高度可靠和值得信赖的组织。电子邮件带有附件。没有警惕意识的接收者打开了显示相当有用或有趣的信息的附件后，在执行附件的过程中，恶意软件被安装在接收者的计算机上，这将授予发件人完全访问收件人计算机的权利。有了这种特权，发件人不仅可以搜索计算机，也可以访问需要用户名和密码的网站。通常用户为了方便，会将相关信息存在计算机里，而不是每次需要访问电子邮件或其他服务时输入用户名和密码。

间谍被认为是不友好行为但不是一种战争行为，同样，网络间谍被认为是可"容忍"的，有外交回应而不是战争回应。然而，一旦两个对手开始公开敌对行动，网络战和网络间谍如果没有到位的话肯定会跟进。

10.6　国土安全　Homeland Security

"国土安全部有一个重要的使命：确保国家免受许多威胁，包括网络安全，其职责是广泛的，但目标是明确的 —— 维持美国的安全"。[23]国土安全部最初在各个直接或间接负责国内安全的机构的基础上创建[24]。附录 10-A 列出了构成最初的国土安全部的机构。图 10-3 是国土安全部的组织图[25]。（注意：美国的顶级政府机构被命名为"部门"，而在世界大部分地区则被称为"部"。因此，国土安全部（Department of Homeland Security）不应与自称"国土安全部"（Ministry of Homeland Security）的私人组织相混淆[26]。）

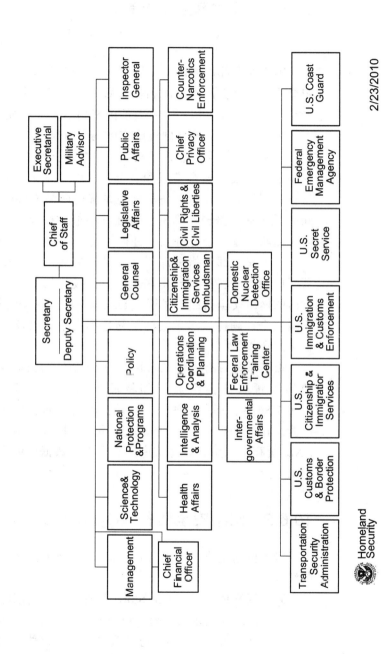

图 10-3　美国国土安全部的组织架构

10.6.1 国家网络安全司
National Cyber Security Division

国土安全部内的国家网络安全司的任务是"与公共、私人和国际组织合作，以确保网络空间和美国的网络资产安全"。[27]该司的战略是：

➢ 建立和保持一个有效的国家网络响应系统；

➢ 为保护关键基础设施实施网络风险管理计划[27]。

国家网络安全司组织了美国计算机应急准备小组，提供网络相关的安全公告、技术安全警报和安全提示以及发布主要软件漏洞的宝贵信息。美国计算机应急准备小组也是报告网络事件的地方[28]。认识到时间的紧迫感，美国计算机应急准备小组"积极建立一个世界级的网络安全团队，专注于对待人、过程和技术的关键优先权"。[29]

国土安全部的指挥部门之一是支持促进网络安全意识以及提高私营部门能力的科学和技术局。科学和技术局下辖为未来网络安全提供方向的网络安全研究与发展中心。该中心的活动还包括网络犯罪预防，无线安全，确保域名系统的可靠性和完整性以及与其他有关网络政府机构的合作。

域名系统带有可将域名转换为 IP 地址的数据库，由分布在世界各地的大量服务器组成，如将域名 www.xyz.com 转换成 IP 地址 34.167.86.94。如果这些服务器遭受攻击，基于 WWW 的网络空间就会崩溃。在计算机中保有 DNS 缓存可使上网速度更快，依赖程度更轻。DNS 缓存是保留在计算机中的数据库，数据库中含有域名和访问网页的 IP 地址。

10.6.2 网络安全防备 Cybersecurity Preparedness

国家网络安全司赞助各种活动，旨在加强网络防御技能。两个主要的活动是：

➢ 网络风暴（Cyber Storm）演习：吸引国际参与的两年一次的网络防御演习，测试新的网络防御能力。第一次网络风暴演习在 2006 年举办。通过这些演习，评估应对网络事件的准备工作，并共享和协调合作伙伴之间的信息。参与 2010 年网络风暴演习的有美国政府机构，各州，许多国家和私营组织。

> 国家网络警报系统（National Cyber Alert System）：这是使网络空间居民认识当前面临的威胁和空间漏洞的项目。有关人士在注册[30]后可收到每月的网络安全更新以及公告。其主要内容包含：
>
>　·网络安全警报（技术）；
>
>　·网络安全警报（非技术）；
>
>　·网络安全公告；
>
>　·网络安全提示；
>
>　·漏洞说明；
>
>　·目前的活动。

警报系统是由美国国土安全部提供的每月提醒用户的免费公共服务。成百上千的订阅者已经从每月的提醒公告中收益，免受损失。

10.6.3　挑战　Challenges

负责网络安全的政府机构正面临着诸多挑战，这些挑战可分为社会上的、经济上的、技术上的和政治上的。社会期望当局维护安全的方式是透明、高效、有效的，并且不侵犯任何公民自由，尤其是具有隐私和表达自己意见的权利。打击犯罪的一个非常重要的因素是能够回顾过去。数据挖掘记录和提取有价值的破案信息的能力不能被犯罪后的信息所取代。然而，通过网络记录的全面存储来预防网络犯罪在未来五年内应是不能被公众接受的。社会学家和法律制定者在追求公民权利和安全的平衡时将永远受到挑战，受随技术发展的社会规范约束的平衡。因此，网络安全政策只有在有"隐私影响评估"的条件下才是完整的[31]。

没有不受经济约束的事业。资金可以进入任何一个部门，可以是网络安全也可以是街道美化，因此网络安全部门必须与其他部门进行竞争。虽然更多的资源将导致更好的网络安全，但负责人将不得不平衡各种网络安全分部门的现有资源，以期最大限度地保证安全。通过安全经济价值的量化[32]，负责人可以最好地计算网络安全的投资回报率。

考虑到网络安全需要技术娴熟的网络斗士，或网络维护者，继续教育是成功的基石，可将资金用于教育项目和专门培训。网络经济学的一个重要挑战是网络安全指标。指标是处理相关测量后得到的结果。这里面临的挑战是测量什么，应如何处理结果。企业和政府管理者毫不犹豫地审批网络安全拨款，但作为非技术人员本身正在寻找一种有形的方式，通过参数来衡量投资的回报。衡量一种安全措施的效率和效能，本身就是一个挑战。专家对参数的解释可以用 smart 这个缩写进行很好的总结。也就是，"具体的(s)、可衡量的(m)、可达到的(a)、可重复的(r)和按时间的(t)[33]"。

对于网络空间，"我们是否足够安全？"这个问题的答案始终是"不"。这是因为网络不仅有已知和未知的网络风险，而且每一个成员在上网、收发电子邮件和使用社交网络时创造了额外的企业网络安全措施不一定能抵御的安全漏洞。也就是说，"计算机用户对安全问题的认识程度"[34]是评估系统网络安全水平的一个主要因素。

技术的有效利用几乎是每一个部门的头号因素，尤其是在网络安全领域。互联网是一个非常复杂的系统，识别网络攻击的来源没有误差幅度。这里的挑战是符合人类工程学的网络安全的发展，也就是说，它采用最好地支持专业人员完成任务的自动化流程和程序。

一旦网络攻击的来源被完全确定，政治上的挑战是将其分类。这种分类可能是从恶意干扰到网络战。在大多数情况下，报复将会是以牙还牙而不是以另一种方式进行回应。

10.7　分布式防御　Distributed Defense

由于网络空间正成为现代生活几乎不可分割的一部分，因此对其安全可靠运行的威胁也与日俱增。密码学使得通信内容相对安全，而实时通信则会遭到拒绝服务攻击。网络反恶意软件已成功地防止了各种病毒的袭击。

但是，分布式拒绝服务攻击似乎仍然处在失控的局面。这样的攻击来自数以千计的铺天盖地的请求访问，从而远远超过网络主机的计算能力。通常情况下会发生：

> ➤ 经过一而再，再而三的请求，冻结服务器资源，攻击服务器、网络或终端设备。
> ➤ 通过注入虚假信息，如连接、断开或错误消息，使服务器操作混乱。

互联网在设计时没有考虑网络犯罪分子，这使得其遇到复杂的分布式拒绝服务攻击时相当脆弱，这已成为所有网络安全人员首要关注的问题。他们还非常关注域名系统服务器托管。这些服务器的故障将导致成千上万的网站无法访问。分布式拒绝服务攻击一直在增加频率和强度，达到接近单一攻击 50 Gb/s 的水平。图 10-4 说明了分布式拒绝服务攻击的基本拓扑结构。

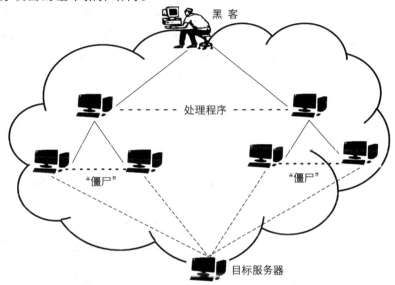

黑客

处理程序

"僵尸"　　　"僵尸"

目标服务器

图 10-4　分布式拒绝服务攻击的基本拓扑结构

10.7.1　对策　Countermeasures

分布式拒绝服务攻击的对策始于对潜在攻击的检测，然后是对攻击可能性的评估，最后是采取必要的行动。这些行动包括对可疑数据包的延迟或拒绝，如果可能的话，对怀疑的分布式拒绝服务攻击进行互联网节点前后的通知。基于网络速度的提升，再加上同样增加的计算机内存和存储，现在允许将高级算法并入网络节点。这样一来，"安全设备内置了安全功能，可以在设备内部和设备之间协调预防性和防御性的措施[35]"。

在互联网节点小部署这种算法，可以共同创建一个流量预测系统，其中目的地服务器将被告知即将到来的流量大小和同样重要的来源。目前这种系统还没有部署到位。然而，大量研究正在进行以满足监测控制和数据采集的需要。任何互联网的监测控制和数据采集系统都有明确的范围、可衡量的有效性、可控的复杂性和实用的可扩展性，专注于拒绝服务攻击检测的早期预警[2]。

10.7.2   网络防御生态系统   Cyber Defense Ecosystem

众多的网络防御研究活动指向一个特定的方向。也就是说,特殊的人工智能软件将被嵌入在每个网络节点,这些节点会收集流量信息。通过相互合作,这种软件将作为一个互联网监测控制和数据采集系统,能够检测和防止潜在的拒绝服务攻击。图 10-5 显示了由提供深入防御的安全智能节点保护的互联网主机。

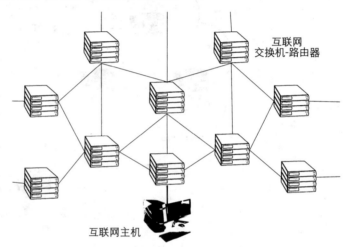

图 10-5   网络防御生态系统中的互联网主机

目前,互联网仅仅是相互连接的路由器的全球性网络,方便客户端、服务器之间的端到端通信。在管理流量时,互联网节点访问共同产生最宝贵信息的数据。基于统计评估,以及其他分组观察,互联网的监测控制和数据采集系统 —— 网络防御生态系统将能够监测有关的流量并动态地建立可以识别可疑的分布式拒绝服务攻击的标准。

所有的技术支持服务开始于最小的规模和功能,并逐步成为强大有用的社会资源。同样,互联网的发展始于一个文本消息平台,如今已成为每个人生活中不可分割的一部分。今天,网络节点的功能性可与 20 世纪 90 年代的手机相比较 —— 功能有限且非智能。对于网络节点,下一步就是要超越数据包传递阶段和共同成为支持服务器安全和负载预测的基础设施。作为一个系统,互联网节点是一个没有得到充分利用的资源。一旦输入与安全有关的信息,互联网节点将变为一个网络防御生态系统。

10.7.3　网络安全培训　Cybersecurity Training

所有网络用户都有进行网络安全培训的责任。训练的程度取决于一个人的参与度。如果我们看两个极端，我们看到的一端是普通网络用户，而另一端是网络安全专业人员。

网络用户必须对自己和网络空间负责任以保持健康的个人计算机，免受通过网络可能感染其他用户的恶意软件的侵袭。一台计算机最低限度必须有一个激活的防病毒软件，在打开文件或安装文件到计算机前需要检查每个文件。网络安全用户需要有安全意识，特别是接受来源不明的文件和应用，因为这可能会使防火墙或防病毒软件失效。需要通过频繁的研讨会——网络研讨会——加强这种意识并提高与社交网络有关的风险意识。

网络安全专业人员必须有精于某一方面或某几方面的全面技能。表10-2列出了网络安全领域内的四个主要方面，以及各自所需的技能。网络安全专业人士选择了有终身学习和技术立法监管的特点的职业生涯。

表 10-2　网络安全的四个主要方面和各自的技能专长

系统管理	渗透测试	网络审计及鉴证	网络安全管理
政策和遵规执行	技术	恢复	领导能力
联邦	入侵	密码	项目管理
企业	黑客	文档	知识获取
防火墙和补丁	网络应用程序	加密	沟通技巧
安装	语言	恶意软件	政策及合规意识
货币	协议	分析	联邦
服务器维护	网络	工具	企业
数据库	层次	技术	
互联网	协议	设备	调查
网络和邮件	操作系统	存储	政策
		移动	程序
		格式	文档
		网络协议	法律方面
		事件响应	知识产权
		入侵检测	隐私

10.7.4　网络模拟和练习
Cyber Simulation and Exercises

大量的资源正在被不断地分配给网络安全，而且在准备水平方面也有强大的要求。但是，没有可靠的指标来评估和校准网络防御实力。

一直没有真正的网络战争来测试防御能力以及潜在对手的进攻能力。网络战模拟是很好的替代方法。

多年来，使用大量网络主机 —— 计算机和服务器进行仿真模拟。控制主机大量形成僵尸网络攻击特定服务器并创建一个拒绝服务攻击是不容易的。幸运的是，网络战模拟软件已被开发出并可模拟数以百万计的攻击。图 10-6 说明了一个先进的系统"模拟混合程序流量以 120 Gb/s 的速度进行攻击，9 千万的并发用户负责保护国家网络安全的军事单位可以建立世界上最先进和最划算的网络，提供现实的网络战争模拟以磨炼网络防御者的知识，以及保护军事网络和设施的本能[36]"。

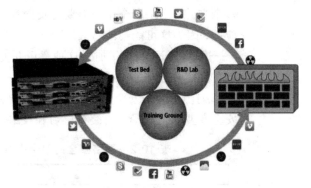

图 10-7　网络战模拟和防火墙检测及校验(由 BreakingPoint system 提供[36])

考虑到现代城市对于网络的依赖，网络演习需要详尽的[37]：

➢ 规划（Planning）：攻击和还击，欺骗和入侵。

➢ 测试（Testing）：以评价不同的战略和战术以限制破坏，找出漏洞，并建立冗余。

➢ 培训（Training）：使人员认识到问题，适应并进行有效应对。

三个很重大的演习如图 10-8 所示，分别是：

➢ 网络奋进（Cyber Endeavor）：美国政府、业界和学术界的演习。

➢ 网络风暴（Cyber Storm）：美国组织的跨国演习。

➢ 网络欧洲（Cyber Europe）：欧盟举办的区域演习。

图 10-8　三个全球性的网络战模拟演习

"网络奋进"是由美国军事组织举办的一年一度的盛事。"运营商，思想领袖和从业者集体讨论并确定面临的最关键挑战和问题的潜在解决方案。"活动包括网络研讨会、网络游戏、比赛和网络展览[38]。

"网络风暴"是自 2006 以来每两年举办一次的网络演习。它是由美国国土安全部的国家网络安全司组织的，并为美国网络战的准备情况提供评估。参与其中的有公共和私营机构以及国际组织[39]。

"网络欧洲"是第一个欧洲网络安全演习，它的目标是创建成员国之间的网络防御共同体。共有来自 22 个国家以及一些以观察员身份参加的国家的七十个公营机构参与。演习由欧洲网络与信息安全局举办。其中一项建议是在国家一级举行这样的演习以推动经验和专业知识的发展[40]。

这些演习的共同目标是：

➤　创建、测试并加强各种网络攻击情形的通信政策和程序；
➤　找出改善的地方；
➤　评估政策和问题的价值；
➤　评估信息共享机制；
➤　识别网络和物理基础设施之间的相关性；
➤　提高网络安全在国家安全和经济中作用的认识；
➤　为网络安全开发熟悉可用的工具和技术。

10.8　练习　Exercises

（1）研究网络风暴 III，并用 500 字的报告总结你的发现。

（2）研究公开的网络战争事件，并准备与表 10-1 相似的表格，列出不在 10-1 中的事件。

（3）学习文件 *A Guide to Security Metrics* 并用 12 张幻灯片描述它。

网址：http://www.sans.org/readingroom/whitepapers/auditing/guide-security-metrics55

（4）研究"网络安全培训课程"的可用性，并用 500 字的报告总结你的发现。

（5）研究社交网络这一课题并用 10 张幻灯片描述 *A Guide to Social Networking*。

（6）研究网络战仿真这一主题，并准备 10 张幻灯片进行演示。

（7）研究文件，并写一份关于欧盟对网络战状态的报告（500 字左右）。

（8）学习文件 *Emerging Cybersecurity Issues Threaten Federal Information System* 并用 10 张幻灯片进行总结。

网址：http://www.gao.gov/new.items/d05231.pdf

（9）研究网络间谍的程度，并用 500 字的报告总结你的发现。

（10）学习文件 *Cybercrime Legislation Resources* 并用 10 张幻灯片进行总结。

网址：http://www.itu.int/ITU-D/cyb/cybersecurity/docs/flyer-regulatory-resources.pdf

附录 10-A　被并入新的美国国土安全部的机构

机构	原属部门	目前的机构或办事处
美国海关总署	财政部	美国海关和边境保护局 美国移民和海关执法局
移民和归化局	司法部	美国海关和边境保护局 美国移民和海关执法局 美国公民和移民局
联邦防护署	总务管理局	基础设施保护和安全理事会
运输安全局	交通部	运输安全局
联邦执法培训中心	财政部	联邦执法培训中心
动植物健康检测局（部分）	农业部	美国海关和边境保护局
国内防备办公室	司法部	联邦应急管理局负责
联邦应急管理局	无	联邦应急管理局
国家战略储备 国家灾难医疗系统	卫生与公共服务部	2004 年 7 月又重归卫生与公共服务部
核事故响应团队	能源部	联邦应急管理局负责
国内紧急支援服务队	司法部	联邦应急管理局负责
国内应急办公室	联邦调查局	联邦应急管理局负责
核生化对策中心	能源部	科学与技术局
环境测量实验室	能源部	科学与技术局
国家生物战预防分析中心	国防部	科学与技术局
梅岛动物疾病中心	农业部	科学与技术局

续表

机构	原属部门	目前的机构或办事处
联邦计算机事件响应中心	总务管理局	美国计算机紧急响应小组 网络安全通信办公室-国家计划和准备委员会
家通信系统	国防部	网络安全通信办公室-国家计划和准备委员会
国家基础设施保护中心	联邦调查局	运作协调办公室 基础设施保护办公室
能源安全和保证计划	能源部	基础设施保护办公室
美国海岸警卫队	交通部	美国海岸警卫队
美国特勤局	财政部	美国特勤局

http://en.wikipedia.org/wiki/UnitedStatesDepartmentofHomeland　Security#citenote-44

参考资料

（于 2011 年 11 月 28 日确认所有链接的可用性）

第 1 章　信息系统中的漏洞

[1]　Making Security Measurable. http://measurablesecurity.mitre.org/.

[2]　One-Time-Password. Two factor authentication from Nordic Edge.
http://www.nordicedge.se/en/products/one-time-password-server.

[3]　Weingart, Steve H. Using SCAP to Detect Vulnerabilities, ATSEC
Information Security Corp.
http://www.atsec.com/downloads/pdf/UsingSCAP.pdf.

[4]　MITRE CVE List. http://cve.mitre.org/cve/index.html.

[5]　National Vulnerability Database, NVD, Version 2.2.
http://web.nvd. nist.gov/view/ncp/repository.

[6]　Common Configuration Enumerator, CCE. http://cce.mitre.org/.

[7]　Common Platform Enumerator, CPE: Naming Example.
http://cpe. mitre.org/images/naming.gif.

[8]　Common Vulnerability Scoring System, CVSS.
http://nvd.nist.gov/ cvss.cfm?version=2.

[9]　Common Vulnerability Scoring System, CVSS: Calculator.
http://nvd.nist. gov/cvss.cfm?calculator&adv.

[10]　Extensible Configuration Checklist Description Format, XCCDF.
http://csrc.nist.gov/publications/nistir/ir7275r3/NISTIR-7275r3.pdf.

[11]　Open Vulnerability and Assessment Language, OVAL.
http://oval.mitre.org/language/.

[12]　Howard, Michael and LeBlanc, David. Writing Secure Code.
Microsoft Press. ISBN: 978-0-7356-1722-3.

[13]　Shiralkar, Truptiand Grove, Brenda. Guidelines for Secure Coding.
January 2009.
http://www.atsec.com/downloads/pdf/secure-coding-guidelines.pdf.

[14]　Haugh, Eric Bishop, Matt. Testing C Programs for Buffer Overflow,
Vulnerabilities.

http://www.isoc.org/isoc/conferences/ndss/03proceedings/papers/8.pdf.

[15] Wei, Tao et al. IntScope: Automatically Detecting Integer Overflow Vulnerability in X86 Binary Using Symbolic Execution. http://www.isoc.org/isoc/conferences/ndss/09/pdf/17.pdf.

[16] Newsham, Tim. Guardent, Inc. Format String Attacks. September 2000. http://julianor.tripod.com/bc/tnusfs pdf.

[17] Command Injection. http://www.owasp.org/index.php/CommandInjection.

[18] Zuchlinski, Gavin. The Anatomy of Cross Site Scripting: Anatomy, Discovery, Attack,. Exploitation. November 5, 2003. http://www.net-security.org/dl/articles/xssanatomy.pdf.

[19] SQL Injection Attacks by Example, Steve Friedl's Unixwiz.net Tech Tips. http://www.unixwiz.net/techtips/sql-injection.html.

[20] Benoist, E. Insecure Direct Object Reference, Web Security Summer Term 2008. http://electures.informatik.unifreiburg.de/portal/download/111/6652/slidesInsecureDirectObjectReference.pdf.

[21] Olzak, Tom. Improper Error Handling and Insecure Storage, Web Application Security, Part 8. August 2006. http://adventuresinsecurity.com/Papers/WebAppSecurity-ErrorsandStorage.pdf.

[22] Schneier, Bruce. Security Pitfalls in Cryptography. http://www.schneier.com/essay-028.pdf.

[23] Race Conditions and Mutual Exclusion. http://java.sun.com/developer/ Books/performance2/chap3.pdf.

[24] Hernan, Shawn et al. Microsoft. Uncover Security Design Flaws Using The STRIDE Approach. http://msdn.microsoft.com/en-us/magazine/cc163519.aspx.

[25] Seacord, Robert, Secure Coding Initiative, Carnegie Mellon University (2006). http://www.cert.org/secure-coding/content/seacord-secure-coding-initiative-cylab.pdf (p.4).

[26] Techniques and Tools for Software Analysis Freescale Semiconductor. http://www.freescale.com/files/softdevtools/doc/ whitepaper/CWTESTTECHCW.pdf.

[27] Secure Coding Standard Development Guidelines, Software Engineering Institute, Carnegie Mellon University.

https://www. securecoding. cert.org/ confluence/display/ sci/
Secure+Coding+Standard+ Development+Guidelines#.

[28]　Java Concurrency Guidelines, Software Engineering Institute,
Carnegie Mellon University.
http://www.sei.cmu.edu/reports/10tr015.pdf.

[29]　The CERT C Secure Coding Standard, Software Engineering
Institute, Carnegie Mellon University.
https://www. securecoding.cert.org/confluence/display/seccode/
CERT+C+Secure+Coding+Standard.

[30]　The CERT C++ Secure Coding Standard, Software Engineering
Institute, Carnegie Mellon University.
https://www.securecoding. cert.org/confluence/pages/ viewpage.
action?pageId=637.

[31]　Vulnerability Notes Database, US-DHS-CERT.
http://www.kb. cert.org/vuls/bypublished.

[32]　US-CERT Vulnerability Note VU#446012 on Microsoft Word
http://www.kb.cert.org/vuls/id/446012.

[33]　Microsoft Security Bulletin MS06-027.
http://www.microsoft.com/ technet/security/Bulletin/ MS06-027.
mspx.

[34]　Vulnerability Notes Database, US-DHS-CERT. Sorted by severity
metric.
http://www.kb.cert.org/vuls/bymetric.

[35]　Dormann, W. and Rafail, J. Securing Your Web Browser, US-ERT
CyLab Carnegie Mellon.
http://www.cert.org/techtips/securingbrowser/ #why.

第 2 章　组织中的缺陷

[1]　Authentication in an Internet Banking Environment, FFIEC.
http://www. ffiec.gov/pdf/authentication_guidance.pdf.

[2]　PhoneFactor: Phone-Based Two-Factor Authentication.
http://www.phonefactor.com/wp-content/pdfs/ PhoneFactor-
PhoneAuthentication.pdf.

[3]　One-Time-Password, OTP: Typically the OTP is sent to the user as
an SMS via the user's mobile phone.
http://www.nordicedge.se/en/ products/one-time-password-server.

[4] The Insider Threat to U. S. Government Information Systems. http://www.cnss.gov/Assets/pdf/nstissam_infosec_1-99.pdf.

[5] Addressing the Insider Threat, Application Security, Inc. www.appsecinc.com. http://www.appsecinc.com/techdocs/ whitepapers/ Addressing-the-Insider-Threat-Fed.pdf.

[6] The Insider Threat to Information Systems. http://www.pol-psych.com/sab.pdf.

[7] National Training Standard for Designated Approving Authority (DAA). http://staff.washington.edu/dittrich/center/docs/nstissi4012.pdf.

[8] Global Positioning System. http://www.gps.gov/.

[9] Warner, J. and Johnston, R. GPS Spoofing Countermeasures. http://www.homelandsecurity.org/ bulletin/Dual%20Benefit/ warnergpsspoofing.html.

[10] 802.15 Working Group for Wireless – Personal Area Network, WPAN. http://standards.ieee.org/wireless/overview.html.

[11] Bluetooth Security. http://www.cybertrust.com/intelligence/whitepaper/(p.8).

[12] Bluetooth Security. http://www.bluetooth.com/bluetooth/learn/security.

[13] F-Secure first to offer full protection to smartphone S60 3rd edition. http://www.f-secure.com/fsecure/pressroom/news/fs_news_2006111 5_01_eng.html.

[14] Bluetooth Networks: Risks & Defenses www.airdefense.net/ whitepapers/bluetooth_request.php4.

[15] Kostopoulos, George K. Bluetooth in Mobile Telephony: Privacy and Security Issues, Communications of. the IBIMA (ISSN: 978-0-9821489-1-4). 2009.

[16] Wi-Fi: Wireless Fidelity. http://www.Wi-Fi.org.

[17] 802.11 Working Group for Wireless Local Area Networks. http://standards.ieee.org/ wireless/overview.html.

[18] Wi-Fi Alliance. http://www.weca.net/aboutoverview.php?lang=en.

[19] Wi-Fi Claims Lead in Wireless Standard Race http://www.wirelessnewsfactor.com/perl/story/4805.html.

[20] Category: 802.11n. http://wifinetnews.com/archives/cat_80211n. html.

[21] Wi-Fi Glossary. http://www.wi-fi.org/glossary.php.

[22] Quadrupling Wi-Fi speeds with 802.11n.

http://www.deviceforge.com/articles/AT5096801417.html.

[23] Wireless Network Defense.
http://www.windowsecurity.com/articles/WiFi-security-Part1.html.

[24] WEP Cracking.
http://cowifi.personalwireless.org/showthread.php?p=148.

[25] Enable MAC Address Filtering on Wireless Access Points and
Routers.
http://compnetworking.about.com/cs/wirelessproducts/qt/
macaddress. htm.

[26] Free DLNA Analyzer. http://www.ethereal.com/introduction.html.

[27] JiWire's Wi-Fi Hotspot Finder.
http://www.jiwire.com/search-hotspot-locations.htm.

[28] JiWire's Wi-Fi hotspot-helper.
http://www.jiwire.com/hotspot-helper.htm.

[29] Using Windows Firewall.
http://www.microsoft.com/ windowsxp/using/networking/security/
winfirewall.mspx.

[30] Wi-Fi Watchdog Review.
http://www.techworld.com/mobility/ reviews/index.cfm? ReviewID
=185.

[31] 802.11w Fills Wireless Security Holes.
http://www.networkworld. com/news/tech/2006/040306-80211w-
wireless-security.html.

[32] Toshiba Introduces New 4G WiMAX-Ready Laptops.
http://us.toshiba.com/pressrelease/496206.

[33] Intel WiMAX Adapters.
http://www.intel.com/support/wireless/wmax/53505150/sb/ CS-
029552.htm.

[34] Guide to Securing WiMAX Wireless Communications, by Scarfone
et al. Special Publication 800-127. National Institute of Standards
and Technology,U.S. Department of Commerce.

[35] IEEE 802.16e Security Vulnerability: Analysis & Solution, by
Nasmus et al, Global Journal of Computer Science and Technology
Vol. 10 Issue 13 (Ver. 1.0) October 2010.
http://globaljournals.org/GJCSTVolume10/6-IEEE-802-16e-Security-
Vulnerability-Analysis-Solution.pdf.

[36] Establishing Wireless Robust Security Networks: A Guide to IEEE

802.11i. Special Publication 800-97.

http://csrc.nist.gov/publications/nistpubs/800-97/SP800-97.pdf.

[37]   Guide to Securing Legacy IEEE 802.11 Wireless Networks. Special Publication 800-48 Revision 1.

http://csrc.nist.gov/publications/nistpubs/800-48-rev1/SP800-48r1.pdf.

[38]   Guide to Securing WiMAX Wireless Communications. Special Publication 800-127.

http://csrc.nist.gov/publications/nistpubs/800-127/ sp800-127.pdf.

[39]   Elastic Hosts. Cloud Computing Provider.

http://www.elastichosts.com/.

[40]   Guidelines on Security and Privacy in Public Cloud Computing.

http://csrc.nist.gov/publications/drafts/800-144/Draft-SP-800-144_ cloud-computing.pdf.

第 3 章　信息系统基础设施中的风险

[1]   Defense in Depth.

http://www.nsa.gov/ia/_files/support/defenseindepth.pdf.

[2]   Most IT Projects Fail. Will Yours? By Kelly Waters.

http://www.projectsmart.co uk/pdf/most-it-projects-fail-will-yours.pdf.

[3]   Design of Complex Cyber Physical Systems with Formalized Architectural Patterns.

http://agora.cs.illinois.edu/download/attachments/ 22843494/ FormalizedArchitecture.pdf.

[4]   Managing Vulnerabilities in Networked Systems by Robert A. Martin, The MITRE Corp.

http://cve.mitre.org/docs/docs-2001/CVEarticleIEEEcomputer.pdf.

[5]   National Vulnerability Database. http://nvd.nist.gov/home.cfm.

[6]   Tutorial on Defending Against SQL Injection Attacks, Oracle.

http://download.oracle.com/oll/tutorials/SQLInjection/index.htm.

[7]   Privacy filters.

http://www.secure-it.com/products/privacy_notebook. htm

http://www.nextag.com/computermonitor-privacy-screen/ products-html.

[8]   Laptop Tracking and Recovery

http://www.absolute.com/en/lojackforlaptops/home.aspx.

http://www.dell.com/content/topics/global.aspx/services/prosupport/

computrace?c=us&l= en&cs=555.

[9]   Bluetooth Proximity Lock Solutions.
http://www.coolest-gadgets.com/20090507/phonenix-technologiesunveil-
bluetooth-proximity- lock-system.
http://www.novell.com/coolsolutions/feature/18684.html.

[10]   RFID Proximity Alarm.
http://www.nonlethaldefense.com/proximityalarm.html.
http://www.thespyshop.com/product.sc?categoryId=10&productId=222.

[11]   File Encryption.
http://www.file-encryption.net/
http://www.encryptfiles.net.

[12]   Password Strength Testing.
https://www.microsoft.com/security/pc-security/passwordchecker.aspx.
http://www.passwordmeter.com/
http://www.securepasswords. net/site/TestPassword.html.

[13]   Automatic Live Files Backup.
http://www.atempo.com/products/liveBackup/default.asp.

[14]   Best Practices for Keeping Your Home Network Secure.
http://www.nsa.gov/ia/files/factsheets/BestPracticesDatasheets.pdf.

[15]   FISMA, Federal Information Security Management Act of 2002
csrc.nist.gov/drivers/documents/FISMAfinal. pdf.

[16]   A Framework for Using Insurance for Cyber-Risk Management.
http://www.cc.gatech.edu/classes/AY2008/cs4235bfall/ Group3/
FrameworkUsingCyberInsurance.pdf.

[17]   Cyber Risk Insurance, SANS Institute InfoSec Reading Room.
http://www.sans.org/readingroom/whitepapers/legal/cyber-risk-
insurance1412.

[18]   Security and Privacy Insurance Application.
http://www.axisins.com/docs/CyberRiskApp.pdf.

[19]   ISO/IEC 17799:2005 Information technology--Security techniques
-- Code of practice for. information security management.
http://www.iso.org/iso/catalogue_detail?csnumber=39612.

第 4 章   安全的信息系统

[1]   Modeling Enterprise Security Architecture, Dalton, G.et al. Air
Force Institute of Technology.

http://www.dodccrp.org/events/11th_ICCRTS/html/presentations/020.pdf.

[2]   Cyber defense technology networking and evaluation, by DETER.
http://www.cs.berkeley.edu/~tygar/papers/Cyberdefensetechnetworkingandeval.pdf.

[3]   DETER, cyber-DEfense Technology Experimental Research laboratory Testbed.
http://www.isi.edu/deter/.

[4]   Denial of Service Countermeasures: Intelligence Development and Analysis at the Network Node. Level Communications of the IBIMA (ISBN: 978-0-9821489-3-8), 2010.

[5]   ISO/IEC 17799:2005
http://www.iso.org/iso/catalogue_detail?csnumber=39612.

[6]   Electronic Data Shredding.
http://www.datadomain.com/pdf/TechBrief-Electronic-Shredding.pdf.

[7]   Shred Deleted Files.
http://www.pcmag.com/article2/0, 2817, 1159624,00.asp.

[8]   NIST Special Publication 800-88 Guidelines for Media Sanitization.
http://csrc.nist.gov/publications/nistpubs/800-88/NISTSP800-88_rev1.pdf.

[9]   National Industrial Security Program - Operating Manual.
http://www.dss.mil/isp/odaa/documents/nispom2006-5220.pdf.

[10]   Encryption Methods. Finnish Communications Regulatory Authority.
http://www.ficora.fi/en/index/palvelut/palvelutaiheittain/ tietoturva/salausmenetelmat.html.

[11]   The Password Meter, http://www.passwordmeter.com/.

[12]   Password Tester, Safety & Security Center, Microsoft.
http://www.microsoft.com/security/pcsecurity/. password-checker.aspx?WT.mcid=SiteLink.

[13]   Guide to Enterprise Password Management (Draft) NIST Special Publication 800-11.
http://csrc.nist.gov/publications/drafts/800-118/draft-sp800-118.pdf.

[14]   Two Factor Authentication Features.
http://nordicedge.com/products/ one-time-password-server.

[15]   Ellison j. and Woody C., Survivability Analysis Framework.
www.cert.org/archive/pdf/10tn013.pdf.

第 5 章　网络安全和首席信息官

[1]　Framework for the CIO Position.
　　　http://net.educause.edu/ir/library/pdf/ERM0465.pdf.

[2]　Five skills you need to be CIO.
　　　http://www.zdnet.com/news/five-skills-you-need-to-be-cio/158281.

[3]　MBA in Information Systems, Georgia State University.
　　　http://www2. cis.gsu.edu/cis/program/mbacis.asp.

[4]　How to Become a CIO.
　　　http://blog.makingitclear.com/2005/12/13/howbecomecio.

[5]　Clinger-Cohen Act of 1996.
　　　http://www.cio.gov/Documents/itmanagementreformactFeb1996.html.

[6]　Why CIOs Should Clone Themselves.
　　　http://www.cio.com/article/688896/WhyCIOsShouldCloneThemselves.

[7]　Technology Professional Liability.
　　　http://www.baldwinandlyons.com/Root/Protective/ ProtectiveSpecialty/
　　　technologyprofessional.aspx.

[8]　Identity and Access Management.
　　　http://www.onelogin.com/.

[9]　GSM Access Control.
　　　http://www.wireless-intercom.co.uk/gsmintercom.htm.

[10]　Cyber Awareness.
　　　http://www.wcboe.org/teachers/cmolnar/cyber_awareness.htm.

[11]　Cyber Security Awareness Online Training Course. DHS.
　　　http://www2.dir.state.tx.us/SiteCollectionDocuments/Security/
　　　Training/TEEX%20Cyber%20Awareness%20Flie r.pdf.

[12]　Cyveillance Cyber Safety Awareness Training.
　　　http://www.cyveillance.com/web/solutions/enterprise/solutions/
　　　cyber-safety-awareness- training.asp.

[13]　NFPA 1600 Standard on Disaster/Emergency Management and
　　　Business Continuity Programs.
　　　http://www.nfpa.org/assets/files/pdf/nfpa1600.pdf.

[14]　SO/IEC 27002:2005 Information technology — Security techniques
　　　— Code of Practice for. Information Security Management.
　　　http://www.iso27001security.com/html/27002.html.

[15]　Contingency Planning Guide for Information Technology Systems,

NIST.

http://www.drivesaversdatarecovery.com/images/pdf/sp800-34-rev1.pdf.

[16]　CIO 2.0 http://82.198.220.114/generaldocuments/pdf/deloittecio20ingovernment.pdf.

第 6 章　建立一个安全的组织

[1]　ISO 17799 World.

http://17799.macassistant.com/def.htm.

[2]　Business Continuity Planning, A White Paper, Upper Mohawk, Inc.

http://www.uppermohawkinc.com/docs/business%20continuity.pdf.

[3]　Hackers follow Microsoft patches with malware.

http://www.tunexp. com/news/windows-story-1002.html.

[4]　Cisco - Disaster Recovery: Best Practices White Paper.

http://www.cisco.com/warp/public/63/disrec.pdf.

[5]　Disaster Recovery Planning – EDUCAUSE.

http://net.educause.edu/ir/library/pdf/DEC0301.pdf.

[6]　Disaster Recovery Planning - Process & Options.

http://www.comp-soln.com/DRP2whitepaper.pdf.

[7]　Disaster Recovery Strategies.

http://www.redbooks.ibm.com/redbooks/pdfs/sg246844.pdf.

[8]　Biometrics in Access Control.

http://www.visualaccesssolutions.co.uk/accesscontrol.htm.

[9]　Mobile Telephony Access Control Technologies.

http://www.mars-commerce. com and http://www.text-lock.com/.

[10]　ISO/IEC 27002:2005 Information technology — Security techniques — Code of practice for information security management.

http://www.iso27001security.com/html/27002.html#Section6.

[11]　ISO 17799: What Is It?.

http://www.computersecuritynow.com/what.htm.

第 7 章　网络空间入侵

[1]　Guide to Intrusion Detection and Prevention Systems, NIST, csrc.nist.gov/publications/nistpubs/800-94/SP800-94.pdf.

[2]　Garcı'a-Teodoro, P, et al. Anomaly-based network intrusion

detection: Techniques, systems and. challenges.
http://ceres.ugr.es/~gmacia/papers/COMSEC09AnidsPublishedVersion.pdf.

[3] Kostopoulos, G. K, et al. Denial of Service Countermeasures:
Intelligence Development and Analysis at the Network Node Level.
http://www.kostopoulos.us/website/articles/cybersecurity-01.htm.

[4] Gong, F. Deciphering Detection Techniques: Part II Anomaly-Based
Intrusion Detection, McAfee. Network Security Technologies Group.
https://secure.mcafee.com/japan/products/pdf/Deciphering Detection.
Techniques-Anomaly-BasedDetectionWPen.pdf.

[5] Guide to Intrusion Detection and Prevention Systems. NIST,
csrc.nist.gov/publications/nistpubs/800-94/SP800-94.pdf.

[6] Frederick, Karen Kent, Network Intrusion Detection Signatures,
Part Five.
http://www.symantec.com/connect/articles/ network- intrusion-
detection- signatures-part-five.

[7] Enterasys Dragon Network IDS Appliance (Fast Ethernet).
http://www.enterasys.com/company/literature/dragon-idsips-ds.pdf.

[8] IDPS Administrator's Console.Juniper Networks.
http://www.juniper.net/techpubs/images/s036695.gif.

[9] Kostopoulos, George K. Wi-Fi Security Precautions.
http://www.kostopoulos.us/ website/articles/wi-fi.htm.

第 8 章　网络空间防御

[1] File Transfer Protocol. http://filezilla-project.org.

[2] Files Back up. http://www.secondcopy.com/.

[3] Disk Imaging Tools. http://www.drive-image.com/.
http://www.dubaron.com/diskimage/. http://www.acronis.com.
http://www.laplink.com/. http://www.seagate.com/support/
discwizard/dw_ug.en.pdf. http://www.thefreecountry.com/utilities/
backupandimage.shtml.

[4] Files Backup and Disaster Recovery.
http://technology.inc.com/2008/10/01/data-de-duplication-for-
disaster-recovery/.

[5] Typical Disaster Recovery Configuration.
http://www.intrapower.com.au/ uploads/images/ DisasterRecoveryv
2.0.720.jpg.

[6]   An Advanced Disaster Recovery Configuration.
        http://www.exfo.com/en/Applications/CATV-Disaster.aspx Courtesy
        of EXFO, Inc.

[7]   Shredding algorithm.
        http://www.fileshredderpro.com/shredding-algorithms.html.

[8]   Disk Wipe. http://www.diskwipe.org.

[9]   http://www.snapfiles.com/downloads/recuva/dlrecuva.html.
        http://ntfsundelete.com/. http://undelete-360.en.softonic.com/.

[10]   MEO Encryption Application.
        http://www.nchsoftware.com/encrypt/index.html.

[11]   TRUECRYPT Virtual encrypted drive.
        http://www.snapfiles.com/get/TrueCrypt.html.

[12]   Data Manager. http://www.drpupcdatamanager.com/.

[13]   SPECTOR PRO.
        http://www.spectorsoft.com/products/SpectorProWindows/index.asp.

[14]   Key Scrambler by QFX Software Corporation.
        http://www.qfxsoftware.com/download/whats-new.htm?ver=2.8.2.0.

[15]   AVG Anti-Virus FREE 2012.
        http://www.avg.com/eu-en/free-antivirus-download.

[16]   Registry Repair Wizard. http://www.registryrepair.net/.

[17]   Rootkit scanning, detection and removal.
        http://www.sophos.com/en-us/ products/free-tools/sophos- anti-
        rootkit.aspx.

[18]   Junk Files Cleaner.
        http://www.digeus.com/products/junkcleaner/index.html.

[19]   Hard Disk Fragmentation, IBM.
        http://www-10.lotus.com/ldd/dominowiki.nsf/
        dx/01152009062114PMWEBVDT.htm.

[20]   Microsoft Baseline Security Analyzer 2.2 (for IT Professionals).
        http://www.microsoft.com/download/en/details.aspx?id=7558.

[21]   http://www.passwordmeter.com/.
        http://www.yetanotherpasswordmeter.com/.
        http://www.geekwisdom.com/dyn/passwdmeter.

[22]   Password Storage Locations For Popular Windows Applications.
        http://www.nirsoft.net/articles/saved_password_location.html.

[23]   Cain and Abel http://www.oxid.it/.

[24]   Benefits of a firewall. Intrapower.

http://www.intrapower.com.au/Firewall.html.

[25]   SaaS Email Security Suites.

https://www.mcafeeasap.com/ MarketingContent/ Products/ SaaSEmailSecurity.aspx.

[26]   Email protection Vicomsoft.

http://www.vicomsoft.com/services/email-security/features-benefits/.

[27]   Email Protection.

http://www.compcenter.com/businessedgeEmail.cfm.

[28]   Console of a Cloud-based Email Protection System.

http://www.excelmicro.com/images/system.jpg.

....

第 9 章　网络空间和法律

....

[1]   Draft Convention on Cybercrime, Council of Europe.

http://assembly.coe.int//Mainf.asp?link=http://assembly.coe.int/ Documents/AdoptedText/ta01/.eopi226.htm #_ftn1.

[2]   Convention on Cybercrime, Council of Europe, Budapest, Hungary 2001.

http://conventions.coe.int/Treaty/en/Treaties/Html/185.htm.

[3]   Signatories to the Convention on Cybercrime, Council of Europe.

http://conventions.coe.int/Treaty/Commun/ChercheSig.asp? NT= 185&CL=ENG.

[4]   Additional Protocol to the Convention on cybercrime, Council of Europe, Strasbourg, France.2006.

http://conventions.coe.int/Treaty/en/Treaties/Html/189.htm.

[5]   Convention on Cybercrime: The Treaty Document – A Proposal. Twelfth United Nations Congress on Crime Prevention and Criminal Justice, Salvador, Brazil 2010.

http://www.cybercrimelaw.net/documents/UN12thCrime Congress.pdf.

[6]   International Criminal Court. http://www.icc-cpi.int/Menus/ICC.

[7]   Europol. https://www.europol.europa.eu.

[8]   The North Atlantic Treaty Organization. http://www.nato.int.

[9]   Eneken Tik, Global Cyber Security – Thinking About The Niche for NATO.

[10]   Active Engagement, Modern Defence.

http://www.nato.int/cps/en/natolive/official_texts_68580.htm#cyber.

http://www.ccdcoe.org/articles/2010/Tikk_GlobalCyberSecurity.pdf.

[11]　NATO Cooperative Cyber Defence Centre of Excellence Tallinn, Estonia. http://www.ccdcoe.org/.

[12]　Eneken Tikk. Ten Rules for Cyber Security. http://www.ccdcoe.org/articles/2011/Tikk_TenRulesForCyberSecurity.pdf.

[13]　INTERPOL, International Police Departments Association. http://www.interpol.int.

[14]　Cyber Security Threats, INTERPOL Seminar. https://www.interpol.int/ Public/ICPO/PressReleases/PR2011/ News20110707.asp.

[15]　The Commercial Privacy Bill of Rights Act of 2011. http://kerry.senate.gov/imo/media/doc/ Commercial%20Privacy% 20Bill%20of%20Rights%20Text.pdf.

[16]　The Cybersecurity Act of 2010. http://frwebgate.access.gpo.gov/ cgi-bin/getdoc.cgi?dbname= 111congbills&docid=f:s773rs.txt.pdf.

[17]　The Federal Information Security Management Act of 2002. http://www.marcorsyscom.usmc.mil/sites/pmia%20documents/ documents/Federal%20Information.%20Security%20Management% 20Act%20(FISMA).htm.

[18]　FISMA Purposes. Legal Information Institute, Cornell University Law School. http://www.law.cornell.edu/uscode/44/3541.html.

[19]　SEC 2011 FISMA Report. http://www.sec-oig.gov/Reports/AuditsInspections/2011/489.pdf.

[20]　The Partiot Act of 2002. http://epic.org/privacy/terrorism/hr3162.html.

[21]　USA Patriot Act. http://www.aclu.org/national-security/usa-patriot-act.

[22]　Communications Assistance for Law Enforcement Act. http://transition.fcc.gov/calea/. http://www.askcalea.net/calea/ 103.html http://www.askcalea.net/docs/calea.pdf.

[23]　CALEA Concern by the ACLU. http://www.aclu.org/technology-and-liberty/calea-feature-page.

[24]　Computer Security Act of 1987, http://www.nist.gov/cfo/legislation/Public%20Law%20100-235.pdf.

[25]　The Federal Information Security Management Act (FISMA).

http://csrc.nist.gov/groups/SMA/fisma/index.html.

[26]　The Privacy Act of 1974. http://www.justice.gov/opcl/privstat.htm.

[27]　FBI 2009 Cybercrime Statistics, ScamFraudAlert.com-Blog.
http://scamfraudalert.wordpress.com/2010/03/13/fbi-2009-
cybercrime-statistics/.

[28]　Cyber Crime: A Clear and Present Danger, Deloitte.
http://www.deloitte.com/view/en_GX/global/insights/
thoughtleadership/.c2ac85e761e58210VgnVCM100000ba42f00a
RCRD. htm.

[29]　A Cybercrime Hub.
http://us.trendmicro.com/imperia/md/content/us/ trendwatch/
researchandanalysis/acybercrimehub.pdf.

[30]　Best Practices for Designing Mobile Touch Screen ApplicationsUser
Centric News.
http://www.usercentric.com/news/2011/06/15/best- practices-
designing-mobile-touch-screen-applications.

[31]　Mobile Application Design & Development.
http://www.slideshare.net/ronnieliew/mobile-application-design-
development-5465097.

[32]　Towards a Handbook for User-Centred Mobile Application Design.
http://drops.dagstuhl.de/opus/volltexte/2005/166/ pdf/04441.
SWM3.Paper.166.pdf.

[33]　Cybercriminals Target Online Banking Customers. M86 Security Lab.
http://www.m86security.com/documents/pdfs/securitylabs/
cybercriminalstargetonlinebanking.pdf.

[34]　Brightmail Product Family. Symantec.
http://www.symantec.com/business/products/ family.jsp?familyid=
brightmail.

[35]　One-Time-Passwords, OTP, Nordic Edge, Inc.
http://www/nordicedge.se.

[36]　BullGuard Mobile Security 10.
http://www.bullguard.com/ products/bullguard-mobile- security-
10.aspx.

[37]　A Good Decade for Cybercrime, McAfee.
http://www.mcafee.com/ us/resources/reports/rp-good-decade- for-
cybercrime.pdf.

[38]　Cyber Crime Protection.

http://www.safechecks.com/ products/pdf/cybercrime.pdf.

第 10 章　网络战争和国土安全

[1]　Enabling Distributed Security in Cyberspace, Department of
Homeland Security.
http://www.dhs.gov/xlibrary/assets/nppd-cyber- ecosystem- white-
paper-03-23-2011.pdf.

[2]　Denial of Service Countermeasures: Intelligence Development and
Analysis at the Network Node Level.
http://www.kostopoulos.us/website/articles/cybersecurity-01.htm.

[3]　Cornish,P. et al.,On Cyber Warfare, Chatham House,.
http://www.chathamhouse.org/sites/default/files/public/Research/
International%20Security/r1110_.cyberwarfare.pdf.

[4]　Jane's DS Forecast on Cybersecurity.
http://www.janes.com/images/IDSFCyberOperationsMarket.pdf.

[5]　Cyberwarfare, CRS Report for Congress.
http://www.fas.org/irp/crs/RL30735.pdf.

[6]　V.I.Tsymbal, "Kontseptsiya 'Informatsionnoy voyny'", (Concept of
Information Warfare), speech given at the Russian-U.S. conference
on "Evolving post Cold War National Security Issues," Moscow
12-14. Sept, 1995 p 7. Cited in Col. Timothy Thomas. "Russian
Views on Information-Based Warfare." Paper. published in a special
issue of Airpower Journal. July 1996.

[7]　China Confirms Deployment of Online Army.
http://www.chinadaily.com.cn/ china/2011-05-26/content_
12583698.htm.

[8]　Siberian Pipeline Sabotage, Video.
http://wn.com/Siberian_pipeline_sabotage.

[9]　Dickman, Frank. Hacking the Industrial SCADA Network.
November 2009 Vol. 236, No. 11.
http://www.pipelineandgasjournal. com/hacking-industrial-scada-
network.

[10]　Russel, Alec, CIA plot led to huge blast in Siberian gas pipeline, 28
Feb 2004.
http://www.telegraph.co.uk/news/worldnews/ northamerica/usa/
1455559/CIA-plot-led-to-huge-blast-in-.Siberian-gas-pipeline.html.

[11]   Raised doubts. Moscow Times.
      http://en.wikipedia.org/wiki/Siberianpipelinesabotage#Raiseddoubts.

[12]   Pipeline SCADA,
      http://images.ookaboo.com/photo/m/PipelineScadam.jpg.

[13]   Geers, Keneth. Cyber Weapons Convention.
      http://www.ccdcoe.org/ articles/2010/Geers_CyberWeapons
      Convention.pdf.

[14]   Gordon, Sarah, Cyberterrorism?, Symantec.
      http://www.symantec.com/avcenter/reference/cyberterrorism.pdf.

[15]   Distributed Internet-based Load Altering Attacks against Smart
      Power Grids.
      http://www.webpages.ttu.edu/amohseni/MRLGjTSG11.pdf.

[16]   Staged cyber attack reveals vulnerability in power grid.
      http://www.youtube.com/watch?v=fJyWngDco3g.

[17]   Mouse click could plunge city into darkness, experts say.
      http://www.cnn.com/2007/US/09/27/power.at.risk/index.html.

[18]   Richard Clarke. Disconnect electrical grid from internet.
      http://www.youtube.com/watch?v=78wIaRL89Zk&feature=related.

[19]   Cyberterrorism: The Next Arena of Confrontation.
      http://www.kostopoulos.us/website/articles/cyberterrorism.htm.

[20]   New Cyber Attacks will Target Power Grids and Major Public
      Works.
      http://crissboom.com/2011/09/15/new-cyber-attacks- will-target-
      power-grids-and-major-public-works/.

[21]   Exclusive: Operation Shady rat—Unprecedented Cyber-espionage
      Campaign and Intellectual-. Property Bonanza.
      http://www.vanityfair. com/culture/features/2011/09/operation-
      shady-rat-201109.

[22]   Messmer, Ellen. Cyber espionage seen as growing threat to
      business, government, Network World.
      http://www.networkworld.com/news/2008/011708-cyberespionage.html.

[23]   Homeland Security Act of 2002.
      http://www.dhs.gov/xabout/laws/lawregulationrule0011.shtm.

[24]   DHS. Who Became Part of the Department?
      http://www.dhs.gov/xabout/history/editorial0133.shtm.

[25]   DHS Organizational Chart.
      http://www.dhs.gov/xabout/structure/editorial0644.shtm.

[26] Ministry of Homeland Security.
      http://www.ministryofhomelandsecurity.us/ index.shtml.

[27] DHS National Cyber Security Division.
      http://www.dhs.gov/xabout/structure/editorial_0839.shtm.

[28] United States Computer Emergency Readiness Team, US-CERT.
      Reporting a Cyber Incident. https://forms.us-cert.gov/report/.

[29] Ballentstedt, Britanny. Nextgov. Tougher Standards for Cyber
      Training?.
      http://wiredworkplace.nextgov.com/2010/06/ tougher_ standards_
      for_cyber_training.php.

[30] US-CERT Sign up to Cybersecurity Alerts.
      http://www.us-cert.gov/cas/signup.html.

[31] Privacy Impact Assessment, Department of Homeland Security,
      December 11, 2008.
      http://www.dhs.gov/xlibrary/assets/privacy/privacypiaiaslrfci.pdf.

[32] Measuring Cyber Security and Information Assurance
      State-of-the-Art Report (SOAR).
      http://iac.dtic.mil/ iatac/download/cybersecurity.pdf.

[33] Jelen, George. "SSE-CMM Security Metrics." NIST and CSSPAB
      Workshop. Washington, D.C. 13-14 June 2000. URL:
      http://csrc.nist.gov/csspab/june13-15/jelen.pdf.

[34] Payne, Shirley C. A Guide to Security Metrics. SANS Security
      Essentials.
      http://www.sans.org/readingroom/whitepapers/auditing/guide-
      security-metrics55.

[35] Enabling Distributed Security in Cyberspace, Department of
      Homeland Security.
      http://www.dhs.gov/xlibrary/assets/nppd- cyber-ecosystem-white-
      paper-03-23-2011.pdf.

[36] Cyber Warfare Simulation and Firewall Testing, BreakingPoint
      Systems, Inc.
      http://www.breakingpointsystems.com/cyber- tomography-products/
      breakingpoint-firestorm-ctm/.

[37] Cyber Warfare.
      http://www.scalable-networks.com/content/solutions/cyber-warfare.

[38] Cyber Endeavour. http://cyberendeavour.com/.

[39] Fact Sheet: Cyber Storm Exercise.

http://www.dhs.gov/xnews/releases/pr1158340980371.shtm.

[40] Pan-European Cyber Security Exercise, CYBER EUROPE 2010.
http://www.enisa.europa.eu/media/news-items/ faqs-cyber-europe-
2010-final.